本书受南京大学应用经济学流动站、江苏高校哲学社会科学研究项目（2020SJA0538）；
金陵科技学院高层次人才科研启动项目（jit-b-202033）资助。

Empirical Research on Performance Evaluation of
Emergency Mechanism for Rural Emergencies:

Taking Emergencies in N City as an Example

农村突发事件应急机制绩效测评的实证研究

以N市突发事件为例

蒯婷婷　著

ZHEJIANG UNIVERSITY PRESS
浙江大学出版社
·杭州·

图书在版编目（CIP）数据

农村突发事件应急机制绩效测评的实证研究：以N市突发事件为例 / 蒯婷婷著. — 杭州：浙江大学出版社，2022.12
ISBN 978-7-308-23415-3

Ⅰ.①农… Ⅱ.①蒯… Ⅲ.①农村—动物疾病—突发事件—应急对策—公共管理—研究—中国 Ⅳ.①S851 ②D63

中国版本图书馆CIP数据核字(2022)第245748号

农村突发事件应急机制绩效测评的实证研究——
以N市突发事件为例

蒯婷婷　著

责任编辑　钱济平　陈佩钰
责任校对　陈逸行
装帧设计　雷建军
出版发行　浙江大学出版社
　　　　　（杭州市天目山路148号　邮政编码310007）
　　　　　（网址：http://www.zjupress.com）
排　　版　杭州兴邦电子印务有限公司
印　　刷　广东虎彩云印刷有限公司绍兴分公司
开　　本　710mm×1000mm　1/16
印　　张　15
字　　数　200千
版 印 次　2022年12月第1版　2022年12月第1次印刷
书　　号　ISBN 978-7-308-23415-3
定　　价　68.00元

浙江大学出版社市场运营中心联系方式（0571）88925591；http://zjdxcbs.tmall.com

序

随着我国经济的快速发展，不同领域不同种类的突发性公共卫生事件的危害日益凸显，其中最为突出的是1988年上海甲肝大流行、2003年暴发的传染性非典型肺炎（SARS）以及从2004年起持续暴发的H7N9型禽流感。这些事件的发生，把学界的注意力引向了农村地区突发性公共卫生事件应急管理领域。2007年中央一号文件中就曾指出需要建立农村应急管理体制，提高危机处置能力。这一政策对于完善农村突发性公共卫生事件应急管理机制起到了重要作用。但就学术角度而言，当前农村公共卫生事件应急管理中仍然存在很多问题：从目前农村公共卫生事件应急管理的主体来看，政府处于主导地位而农户处于被动地位，政府部门在应急管理过程中对农户的需求缺乏深入的了解和互动，在执行时更多的是采取行政手段强制执行，最后尽管达到了应急管理的预期目标，但是政策执行过程中产生的各类型社会矛盾反过来阻碍了政府相关政策的实施。在公共卫生事件中农户是事件的受害者和政府应急管理的受益者，也是直接与政府接触的社会群体。因此，从农户的角度，人们可以了解政府应急管理的实施状况。作为应急管理提供者的基层政府如何在资源有限的条件下进行合理的分配，从而使政府应急管理的效果达到最大化，是需要考虑的问题。

鉴于此，针对N市农村地区突发性动物疫情事件，本书首先对N市农村动物疫情事件应急管理机制进行研究，并对现状做出评价；其次从应急管理主体（政府应急部门）和客体（农户）两个方面对应急管理的绩效进行评估。最后基于实证分析的结果结合 N 市的实际情况，提出更具科学性的应对重大动物疫情的应急管理策略，从而最大限度地提高 N 市政府应急机制的绩效。

本书共分为四个部分，主要的研究内容和相关结论如下。

研究内容一：N 市农村重大动物疫情应急机制研究。

首先，通过归纳总结的方式对我国农村公共卫生事件应急机制的相关规定进行介绍；其次，以禽流感这一重大动物疫情事件为例，对 N 市农村公共卫生事件中各种规定的实施情况进行描述；最后，在上述分析的基础上对 N 市应急机制的现实状况进行评价。结果显示，目前 N 市农村缺乏常设性综合应急处理机构，农村应急服务运行机制不够健全，农村公共卫生应急保障能力较弱。

研究内容二：N 市基层政府应急管理绩效测评的实证研究。

以地方政府应急管理为测评对象，从 N 市的实际情况出发，运用应急服务以及企业部门常用的绩效考核理论（平衡计分卡）为实证研究的方法，试图构建出一套完整的应急管理绩效测评理论模型，分别从政府成本、内部业务流程、政府学习与成长、政府业绩这四个绩效考核方面，找出 N 市应急机制中政府自身所存在的不足。政府主体部门自身应急管理绩效测评结果显示，相较于其他指标，应急预案、宣传区域、物资运输、物资发放、协调工作、实时沟通调整、信息收集、部门规章制度、整改措施落实情况、恢复补救情况、恢复重建政策落实、信息传播速度等指标的测评分值相对较低。

研究内容三：基于农户层面政府应急管理绩效测评的实证研究。

以应急管理过程的客体——农户为研究对象（以农户对应急过程的感知程度作为政府绩效高低的测评标准），从政府事前预防、事中应对、事后补救的工作质量以及农户对应急管理事前预防、事中应对、事后补救的期望质量两方面出发，研究应急管理过程中政府服务质量、农户期望质量与农户感知度之间的关系。应急服务客体绩效测评结果显示，事前预防、事中应对、事后补救的工作质量对政府应急服务整体质量都存在正向影响；政府整体的服务质量对农户的感知程度存在着正向影响；事前预防措施、事中应对能力对期望质量存在影响，事后补救能力的认知对期望质量不存在影响；政府整体服务质量期望对感知度存在负向影响；政府的服务质量对农户的期望质量不存在正向影响，农户期望质量对政府的服务质量存在正向影响。

研究内容四：N市政府应急机制优化。

在应急机制现状、政府主体部门实证研究以及农户客体部门实证研究的基础上，通过综述和资料查找的方式，对N市动物疫情应急机制的思想和原则及其内容和关键进行优化，分析在面对突发性重大动物疫情事件时，N市政府部门如何才能够很好地做出应急反应从而使整体应急管理绩效最大化，以期提出能够促进N市农村重大动物疫情应急管理绩效最大化的建议和支持政策。

目——录

第1章 绪 论

1.1 研究背景及意义

1.1.1 研究背景

随着社会经济的发展，来自不同领域的各种突发性公共卫生事件的危害日益凸显。我国不断地应对着一系列突发性公共卫生事件，如1988年上海甲肝大流行，一个月的时间内有35万余人感染甲肝。2002年底，广东等地出现了多例原因不明、危及生命的呼吸系统疾病患者。随后，在越南、加拿大等地也先后出现了类似病例。世界卫生组织将此类疾病命名为"严重急性呼吸综合征"（SARS），即人们所说的传染性非典型肺炎。从2002年底至2003年中，短短8个月时间内暴发的传染性非典型肺炎波及了我国的24个省（区、市）、266个县（市、区），以及港台地区。截止2003年8月16日10时，我国内地累计病例5327例、死亡349人，香港地区共1755例、死亡300人，台湾地区共665例、死亡180人，可见该疾病带来的危害十分巨大。2009年，墨西哥和美国暴发的甲型猪流感使当时墨西哥生猪死亡率达到7%，该疫情仅在5个月时间内就在全球大规模蔓延，至2009年7月27日我国累计病例共2003例。同年在乌克兰也暴发了"超级流感"，短时间内死亡数达到上百人，感染的人数达到百万人之多，引起了人们极大的恐慌。

1

除此之外，2013 年春季我国暴发了 H7N9 疫情，在短短的几个月时间内，感染的病例就已经扩散至我国大部分地区，其中浙江、江苏、上海三地疫情最为严重。2014—2015 年，H7N9 疫情曾再次暴发，导致多人感染死亡。浦华（2006）指出，据相关部门的统计，2004 年我国因传染病引起动物死亡造成的损失达到 1400 亿元，其中直接经济损失达 400亿元，间接经济损失达 1000 亿元。有关研究也发现 2005—2006 年暴发的 H5N1 流感疫情，导致了中国养禽户人均禽业收入下降 65％、人均纯收入下降 29％。于乐荣等（2009）指出，2005 年的疫情最为严重，约有11 个省份发生总计 30 起动物疫情，直接导致 15.82 万只家禽发病、15.12万只死亡，死亡率达到 95.6％，2222.58 万只家禽被强制扑杀。这对以畜禽养殖为主要收入的农户来说，无疑是一次毁灭性的打击。我国每年在畜禽疫病上的直接损失占总养殖业收入的 60％左右，高达 500 亿元。这些突发性公共危机事件的出现，不仅严重影响了人们正常的生产生活，引发恐慌情绪，而且还对正常的社会秩序造成了破坏。

在这一系列暴发的危机事件中，最为典型的是 2004 年末在我国农村大规模蔓延的动物疫情。可以说没有一场动物疫情在我国持续近 12 年依然不断有新的发展；也没有一场危机事件能够从一个普通的动物疫情演变为整个社会经济发展的问题。这些频繁发生的危机事件给我国经济带来了严重损失，也对我国政府提高突发事件应对能力、维护社会稳定提出了挑战。

在 2015 年的政府工作报告中，李克强总理明确提出对于出现的动物传染人的疫情，政府部门需要健全分级负责、相互协同的抗灾救灾应急管理机制，实现中央统筹帮助支持、地方就近统一指挥、确保人民生命安全的应急管理目标。李燕凌、吴楠君（2015）指出，这一目标的提出显示了中央政府应对突发性公共卫生事件的决心，同时也为推进国家治理体系和治理能力现代化指明了方向。**那么在突发性公共卫生事件发生**

时如何有效地推进应急工作，从而提升政府整体的应急能力呢？这成为我国目前亟待解决的问题。

吴宪（2004）指出，近20年来世界上发现的32种新型传染病中半数左右已经在我国出现，在一些农村地区，特别是中西部贫困地区，传染病、地方病的发病率和患病率居高不下。这些突发性公共卫生事件的发生，对社会安定、经济发展和人民群众的身心健康都会产生巨大的影响，且这种影响是全球性的。莫利拉、李燕凌（2007）指出，我国农村不但地域广阔，而且42.48%的人口是居住在农村的农户。从实践经验来看，面对各种突发性灾难时，农户是弱势群体，农业是弱势产业，农村是脆弱的地区。这些问题的发生，把学界的注意力引向了农村地区突发性公共卫生事件的应急管理领域。由于农村与城市存有不同的地域环境和文化土壤，郭占锋、李小云（2010）认为不能简单套用和复制城市的公共危机管理机制，而应该根据我国农村危机管理的现状和问题提出相应的理论和机制。

针对这一问题，2007年中央一号文件明确指出要建立农村应急管理机制，提高农村危机处置能力。薛澜（2004）认为，这一文件的出台，对于完善农村突发公共卫生事件应急管理机制起到了重要作用，但在学术意义上，当前农村危机管理中仍然存在很多问题。从目前农村公共事件管理的主体来看，政府仍处于主导地位，农户处于被动地位，政府对农户的需求缺乏深入了解，也没有更多互动，从而导致政策的执行主要是采取行政强制手段，尽管达到了预期的目标，但政策执行的过程中却产生了各种类型的社会矛盾，且这些矛盾也反过来阻碍了政府相关政策的实施。农户是公共卫生事件的受害者和政府应急管理的受益者，也是应急管理中与政府直接接触的公众主体，因此从农户的角度能够了解政府应急管理的实施状况。有学者如陆奇斌等（2010）指出，不应将应急管理的效率作为基层政府的考核指标，而应当让其在合理的执政环境中将各项危机的应对政策落到实处，最终使公众的感知度提高。2004年，温家宝总理首次提出了"服务型政府"这一概念，并要求将这一概念贯穿到我国的行政管理体制改革和政府职能转变中。于文轩等（2016）指出，2013年，温家宝总理再次强调"进一步使政府的职能发生转变，努力建设使人民满意的服务型政府"。西方各国早在20世纪70年代就将"顾客满意度"这一理念应用到政府公共服务中。从公众的角度出发，对政府服务质量进行评价，已成为世界各国政府改革的趋势。

因此，本书对政府部门应急管理机制的绩效测评从两个方面来进行：一方面对应急机制进行评价，另一方面则从应急管理中的主客体两个方面进行应急绩效评价。主体部分的绩效评价可运用企业管理中常用的平衡计分卡来进行测算；客体部分的绩效评价可借鉴企业所运用的"顾客满意度"这一理念，以政府管理的对象为目标，即从公众对政府管理的感知度来评价政府的绩效，将更有利于政府绩效的改善和政府管理职能的回归。但是，目前N市农村公共卫生体系薄弱且发展滞后、基础设施差、医务人员缺乏，在此情况下，**作为应急管理提供者的基层政府，如何在有限资源条件下，合理地进行分配，从而使政府应急服务的效果达到最大化呢？**

1.1.2 研究意义

近年来有关生态、安全以及卫生等各种公共危机事件频繁发生，使得我国对公共危机事件的研究重心也发生了转移（从对国外危机研究逐渐转向对国内危机事件的研究），本书基于已有的农村公共卫生管理理论和实践的研究，针对N市农村地区突发性公共卫生危机事件，从应急机制和应急绩效两方面对政府应急管理工作进行评价。因为农村是我国应对突发性公共卫生事件能力最薄弱的地方，且目前农村突发性公共卫生事件的应急体系亟待完善，所以对农村突发性事件应急机制绩效测评的研究，成为预防和控制农村突发性事件的急迫任务，同时也是相关应急管理机构和公共卫生领域需要研究的重要问题。因此，本书有较强的理论和实践意义。

此外，本书以N市突发性公共卫生事件为切入点，一方面，对N市政府应急机制现状进行测评；另一方面，从政府主体和农户客体两方面对政府应急服务情况进行测评，并进一步拓展了平衡计分卡理论、结构方程理论的应用范围。同时本书对管理实践具有一定的参考价值：依据对政府部门和专家的评价以及对广大农户的调研数据分析，可以探求影响政府应急绩效的主要问题，以使农村的应急措施更加符合农村发展的需要，从而为使政府应急能力更加高效提供理论上的支撑。

1.2 研究目标与研究内容

1.2.1 研究目标

本书的总体目标是在当前动物疫情事件暴发的背景下，重点从应急管理过程的政府主体和农户客体两个角度出发，分析影响政府应急机制绩效的因素，以及如何在资源环境等条件有限的情况下，最大限度地提高政府应急管理的绩效，从而为现阶段N市政府制定应急管理政策提供科学依据。研究的具体目标如下。

研究目标一：使用文献研究法及资料查找法，对N市农村突发性动物疫情事件的应急机制进行研究，了解目前N市应对重大动物疫情应急机制的实施情况，并找出其存在的问题。

研究目标二：在突发性重大动物疫情应对中政府发挥能动作用，是影响政府部门应急绩效的关键因素。因此，利用定量分析的方法对N市政府在应急过程中自身工作的落实情况进行测评，找出目前在应急服务过程中政府自身所存在的不足。

研究目标三：作为重大动物疫情应急机制的被执行者和受益者的农户，其对应急管理的感知度也是影响政府应急管理绩效的关键因素。从农户（客体）方面对 N 市政府公共卫生事件应急管理进行绩效测评，找出应急服务过程中政府服务质量、农户期望质量与农户感知度之间的关系。

研究目标四：通过文献研究法，对 N 市动物疫情应急机制的思想和原则以及应急机制的关键内容进行优化，提出能够使 N 市农村重大动物疫情应急管理机制的绩效最大化且具有科学性的应急管理政策建议。

1.2.2 研究内容

围绕上述目标，本书研究的具体内容如下。

研究内容一：N 市农村重大动物疫情应急机制。首先，通过归纳总结的方式，对我国农村公共卫生事件应急机制的相关规定进行梳理和介绍。其次，以禽流感这一重大动物疫情事件为例，对 N 市农村公共卫生事件中各种规定的实施情况进行描述。最后，在以上分析的基础上对 N 市应急机制的现实状况进行评价。

研究内容二：N 市基层政府应急机制绩效测评的实证研究。从 N 市的实际情况出发，运用应急服务以及企业部门常用的绩效考核方法，以平衡计分卡为实证研究的工具，构建出一套完整的应急机制绩效测评的理论模型，分别在政府成本、内部流程、政府绩效、政府学习与成长这四个绩效考核方面，找出 N 市政府应急机制自身所存在的不足。

虽然对平衡计分卡在政府绩效测评中的作用已有相关研究，但仍然存在不足。之前的研究中对平衡记分卡只进行单次测评，所测得的结果很难说是好是坏，如果将这种测评化静态为动态，做相应的比较分析，所得的结果会更具有科学性。因此，本书对其做了改进，对在 N 市两次调研获得的数据分别进行计算，比较第一次调研数据和第二次调研数据的结果差异（如果差异不大则说明目前此项工作是有效的，如果存在较大差异则说明此项工作有改进的余地）。最终在这些基础上对 N 市政府主体应急绩效做出科学评价。

研究内容三：基于农户层面政府应急管理绩效测评的实证研究。以应急管理过程中的农户客体为研究对象，其对应急过程中的感知程度作为应急绩效，感知度越高则绩效水平越高，反之亦然。主要从政府事前预防、事中应对、事后补救的应急质量以及农户对应急管理事前预防、事中应对、事后补救的期望质量等方面出发，实证研究应急管理过程中政府管理质量、农户期望质量与农户的感知度之间的关系。

研究内容四：N 市政府应急管理绩效的优化。在应急机制现状、政府主体部门实证研究以及农户客体部门实证研究的基础上，通过资料查找和综述的方式，对 N 市动物疫情应急机制的思想和原则以及应急机制的内容进行优化，分析在面对突发性重大动物疫情事件时，N 市政府部门如何才能更好地做出应急反应从而使整体的管理绩效最大化，进而提出能够促进N 市农村重大动物疫情应急管理绩效最大化的政策支持建议。

1.3 研究方法及技术路线

1.3.1 研究方法

本书按照**"N 市农村突发性公共卫生事件应急机制相关规定—N 市农村突发性公共卫生事件应急机制规定的实施情况—N 市政府主体应急管理绩效测评—农户层面的政府应急管理绩效测评—N 市政府应急管理绩效优化"**的逻辑思路来分析上述研究内容。本书主要涉及定性分析和定量研究相结合、宏观层面的背景分析以及微观实地调研相结合的研究方法。具体研究方法如下。

文献综述法与理论分析。本书对有关的研究文献进行阅读、整理并综述。文献综述是开展研究的基础工作，对本书后期的理论分析、方法的选择以及模型及其变量的选取起到了关键性的作用。本书通过理论机制的方式论述了全书的研究思路。

描述性统计分析。本书主要对N市农村公共卫生事件应急机制（包括预防准备、应急管理、善后恢复等方面）进行介绍，并对N市禽流感事件应急机制的运行状况进行描述。

平衡计分卡分析。对N市政府自身绩效测评时，本书主要运用应急测评以及企业中绩效测评常用的平衡计分卡的方法来进行，考核N市政府应急管理自身所存在的不足。

结构方程模型。本书基于农户客体层面对N市政府应急管理绩效测评时采用结构方程模型，以此来检验模型中每个潜变量与农户感知度之间存在的关系。

理论优化法。本书主要通过理论陈述的方法，基于应急机制现状、政府主体和农户客体两部分实证研究的结果，对N市农村公共卫生事件应急机制进行优化。

1.3.2 技术路线

本书将结合研究目标和研究内容，以N市动物疫情应急管理绩效测评为研究对象，重点从政府主体和农户客体两个部分出发，通过理论分析与实证检验相结合的方法，试图阐述影响政府应急管理绩效的因素是什么，并提出相关的政策建议。

第一步，设计研究方案，提出研究问题。本书根据现实背景环境和现有文献中发现的问题，首先设计了针对N市重大动物疫情应急绩效测评的具体方案，包括应急的机制、从哪个角度进行切入研究、需要哪些数据以及如何收集数据等。在此基础上结合相关文献以及现实背景环境提出本书的具体研究问题。

第二步，构建理论分析框架，进行实证分析。本书主要围绕N市政府在重大动物疫情应急中如何有效地完善管理工作，从而提升政府整体应急能力展开分析。在对研究问题有着清晰认知和对研究理论有着深层把握的基础上，将应急机制、政府主体部门和农户客体的应急管理绩效对政府整体应急管理绩效的影响作为出发点，选取不同的计量统计方法，对研究问题进行实证分析，得出研究结论。在此基础上，对N市农村重大动物疫情应急机制进行优化分析。

第三步，总结理论和实证研究的结果，提炼研究结论和政策建议。

本书的研究技术路线如图1.1所示。

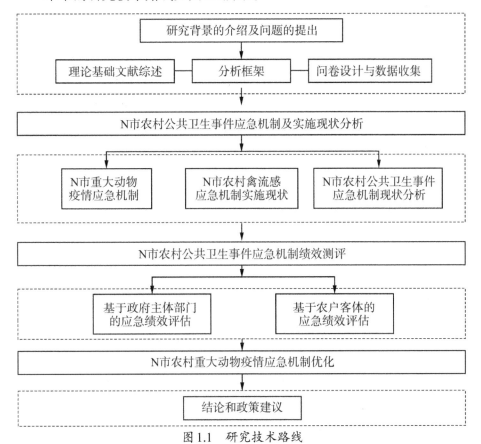

图1.1 研究技术路线

1.4 结构安排

本书共分为九章，具体结构安排如下。

第1章为绪论。首先，基于近年来突发性公共卫生事件的现实情况以及2007年中央一号文件指出要建立农村应急管理体制、提高危机处置能力这一背景，确定本书的选题。进一步确定研究目的、主要研究内容以及研究方法。其次，制定本书技术路线及结构安排。最后，分析本书的创新与不足之处。

第2章为国内外研究现状。本章主要对已有文献进行梳理和归纳，整理并探索与本书相关的国内外文献，为本书研究奠定理论基础，在目前已有的文献基础上明确本书的不同与贡献之处。本章主要分为两大部分：首先，采用文献计量的方法对国内外以农村、危机、危机管理等为主题的文献进行系统的梳理和回顾；其次，在此基础上利用内容分析的方法，对文献的内容做具体的分析，并进一步述评。

第3章为相关理论与分析框架。首先，对研究所涉及的概念以及相关理论进行介绍，包括期望与感知、危机及公共危机、农村公共卫生事件、危机与应急管理、政府应急管理及绩效评估等概念和管理理论、政府理论与参与理论、公共管理理论及公共危机管理理论、流行病学理论等，为后文建立分析框架和相应的模型做铺垫。其次，对危机事件进行分类。再次，依据现有的理论与文献基础，构建本书的理论分析框架，深入分析政府主体部门应急管理绩效测评对政府整体绩效的影响，农户客体应急管理绩效测评对政府整体绩效的影响，以及如何最大限度地提高N市农村重大动物疫情应急绩效。最后，依据理论基础和分析框架提出本书的研究假说。

第4章为公共危机应急能力及其法制体系建设。首先，从法制体系建设情况、管理体制建设情况、科技研发支持情况、条件保障建设情况、应急响应实施情况等角度对应急能力基础进行介绍。其次，从公共卫生法制体系建设情况、我国动物疫情公共危机应急法规建设情况等角度对公共危机应急法制体系建设进行介绍。最后，介绍美国、德国、日本以及印度几个国家采用的动物疫情的应急机制。

第5章为农村重大动物疫情应急机制研究——以N市为例。首先，从应急管理体制和机制、农村应急管理的制度以及应急预案体系及管理三方面对目前我国农村应急管理机制的相关规定进行介绍，其中对应急管理体制和机制的介绍又从预防准备机制、应急管理机制以及善后机制这三方面做具体介绍。其次，以禽流感应急为例对N市农村重大动物疫情应急机制的实施情况进行描述性统计分析。最后，从应急处理机构的设置情况、应急管理运行机制以及应急保障能力三方面尝试对其应急机制状况进行深入分析。

第6章为N市基层政府主体部门应急绩效测评实证研究。本章研究主要采用应急处理以及企业间经常运用的平衡计分卡绩效评估方法，从政府主体部门出发，对政府自身应急绩效进行测评。首先，对平衡计分卡相关理论进行介绍，并对其在政府绩效评估中运用的可行性以及相关指标的设计和权重的计算进行了说明。其次，为了能够找出N市政府在应对突发性疫情事件过程中可能存在的不足，从而提高应对突发性事件的效率，减少此类事件带来的危害和损失，对N市的应对过程进行相应的测评并就其结果进行分析。最后，给出政府应急管理绩效测评结果。

第7章为N市农户客体部分政府应急绩效测评实证研究。此章主要研究三个方面：第一，从农户对政府在事前预防、事中应对和事后补救三个阶段的应急质量感知程度的差异化影响进行分析。第二，分析农户对不同类别以及不同阶段的应急措施的期望对其感知程度测评产生的差异。第三，分析政府的应急质量与农户期望质量之间的关系。基于上述三方面的分析建立相应的结构方程模型，分析不同应急处理措施对农户感知度测评产生的差异、不同阶段应急期望对农户感知度测评产生的差异，以及应急质量与农户对应急期望质量之间的关系。最后，考虑到农户特征在实证检验过程中可能产生调节作用，同样应用结构方程模型将样本按照农户特征进行分组讨论并就实证结果进行分析。

第8章为N市农村重大动物疫情事件应急机制优化。本章基于政府应急机制现状、政府主体和农户客体部分对N市应急管理绩效进行的测评基础，使用文献研究方法，对N市动物疫情应急机制的思想和原则以及应急机制的关键进行优化。

第9章为结论与政策建议。首先，对分散于各章的研究结论进行全面系统性的总结；其次，在第8章分析的基础上，提出能够使N市农村重大动物疫情应急管理绩效最大化且更具科学性的应急机制建议；最后，对未来研究方向进行展望。

1.5 创新与不足

本书不仅对现有理论进行了拓展，还注重理论与实践的结合。因此，与以往的研究相比，本书在以下方面可能存在一定的创新之处。

以往学者关于农村应急机制的研究主要集中在单一性的管理策略上，如事前预防准备策略、事中应急演练策略、事后健康状况的评估等，这些策略的研究可以局部性地帮助基层政府完善应急机制，但是农村的突发公共卫生事件涉及的内容非常之多，除了以上所提到的几个方面外还包括应急组织的创建、应急保障设施的提供等。因此，本书使用科学的管理方法，系统性、整体性地对 N 市农村应急机制的路径进行分析，这是目前研究成果中尚未出现的。

本书有别于以往有关农村公共卫生事件应急机制的研究。第一，将农户这一应急管理过程中的客体纳入与政府对等的研究体系，并对公共卫生事件应急管理的过程，按照"事前、事中、事后"三个阶段进行划分，将农户在这三个阶段中对基层政府管理的期望以及政府实际的应急管理情况作为结构方程因果关系链中的因，将应急管理过程中农户的感知度作为果，这与传统研究中所提出的因果假设不同。第二，依据结构方程这种因果关系研究不同阶段农户的期望对感知度的影响，弥补了以往研究对于农户期望与农户感知度之间关系认识的不足。因此，在研究视角的选取上有一定的创新。

当然，由于笔者研究能力和研究方法的限制，本书也存在一些明显的不足，主要体现在以下几个方面。

本书中应急管理绩效测评对象只考虑到政府和农户这两方面，而对于受事件影响的消费者，考虑到其在整个应急管理过程中与政府互动极少，因此未将其纳入到研究中进行测评。

由于本书以问卷调查的数据作为实证研究数据的来源，在农户对政府应急管理过程感知度问卷的设置方面，如何更好地对其进行量化仍存在改进的空间，需在以后的研究中进一步考虑。

第2章 国内外研究现状

2.1 文献发文情况统计

2.1.1 研究方法与数据

本节主要采用传统的文献计量法，统计近20年国内外关于农村公共危机应急管理研究的期刊论文，并对检索得到的有关农村公共危机应急管理研究的论文进行深入的分析研究，主要包括文献的年代分布情况、期刊分布等，从整体上把握农村公共危机应急管理相关主题研究的现状。文献计量分析法是指对现有学术性文献运用数学和统计方法进行定量分析以探索其发表规律的一种方法，主要遵循"布拉德福定律"（1948），即"将科技期刊按其刊载某学科专业论文的数量多少，以递减的顺序排列，并把期刊划分为专门针对这个学科的核心区、相关区和非相关区三个区域，且此时核心区、相关区、非相关区期刊数量呈 $1:n:n^2$ 关系"。此方法目前已成为微观文献利用率、图书情报部门的科学管理、宏观情报网络经济设计，以及提高情报处理效率，查找文献服务中出现的弊端与缺陷，对不同科学研究现状以及发展历程进行评估的重要工具。内容分析法则是将定性分析和定量分析两种方法进行有效结合的一种研究方法，以研究内容为核心，将其作为主要切入口并结合定性分析最终得出定性的结论。本书所采用的方法，能够科学地得到目前有关公共危机应急管理领域研究的现状和发展趋势。

本书以 CNKI 数据库为文献统计来源，在 CNKI 中设定的检索式是"主题为农村和危机，时间为 1995—2015 年（因为 2016 年关于搜索主体的文献不完整，本书暂时不予分析），期刊来源为 SCI、EI、核心期刊以及 CSSCI，检索方式和检索领域分别为精确检索和全部领域"。这里需要说明的是，本书之所以选择的查找条件是主题而不是篇名，就是为了防止所检索内容不够全面。数据采集的时间为 2016 年 10 月 13 日，在以上检索条件下通过精确检索后统计论文篇数总计 1383 篇。

为了与 CNKI 所检索文献的时间同步，本书在将 Web of Science 数据库中的检索时间也设定为 1995—2015 年这一时间段，并选择了 Web of Science 数据库中的 SSCI、CPCI-S 以及 CPCI-SSH 几个引文索引库。检索条的主题为"Rural""Crisis management"，检索日期同为 2016 年 10 月 13 日，最终通过精确检索得出相关论文 240 篇。为了排除不相干文献的干扰，保证所选论文的查准率和查全率，本书将文献选择类型设定为"Article"，最后得到相关论文 170 篇。

2.1.2 统计结果分析

对 CNKI 和 Web of Science 数据库最终分别确定的 1383 篇和 170 篇文献的年发文趋势分别通过 Excel 和 Note Express 软件进行统计，其结果如图 2.1、图 2.2 所示。

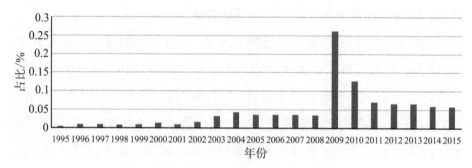

图2.1　CNKI数据库文献年增长情况可视结果

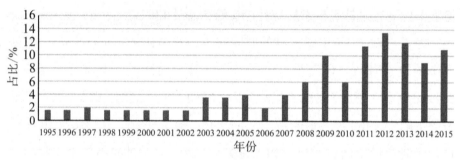

图2.2　Web of Science数据库文献年增长情况可视结果

一个领域期刊的发文时间分布，能够在一定程度上反映出该领域研究的发展态势，进而可通过其了解和分析研究者和关注者对这一领域的重视度。经过对样本文献梳理所画出的期刊发文趋势图可以看出，自1995年以来，发文量虽有反复波动的情况出现，但从总体上观察，数据不仅显示出增长的态势，同时也能显示该领域经历了从初期的稳定增长到后来的快速突破的发展过程，这一态势与我国的社会发展大背景相吻合。将样本期刊的时间划分为两个阶段，即1995—2005年研究的起步阶段，2005—2015年研究的发展阶段。从图2.1和图2.2中可以看出，1995—2005年，研究的发文量虽出现略微增长的状况，但是从整体上看基本处于停滞不前的状态，总体增长比较缓慢；2005—2015年，发文量较前一阶段增长迅速，尤其是到了2008年、2009年这两年期间，发文量明显快速增长，最高达到了383篇。同样从Web of Science数据库统计出的柱状图中我们可以看到，从2003年起发文量增长迅速并在2012年达到了峰值（22篇），占总发文量的13％，这在一定程度上说明了农村危机的管理越来越得到学术界的关注。

本节除了对所选文献进行了年发文量的统计，同时还通过 Note Express 和 Excel 软件对 CNKI 和 Web of Science 数据库中的文献进行了发文期刊分布的统计，结果如表2-1和表2-2所示。

表2-1　样本文献发文两篇及以上期刊分布统计

期刊名	数量/篇	占比情况/%	期刊名	数量/篇	占比情况/%
农村经济	10	7.50	中国农村观察	2	1.52
农业经济	6	4.55	经济问题	2	1.52
调研世界	3	2.27	江海学刊	2	1.52
探索	3	2.27	湖南社会科学	2	1.52
农业经济问题	3	2.27	贵州社会科学	2	1.52
理论导刊	3	2.27	人民论坛	2	1.52
安徽农业科学	2	1.52	前沿	2	1.52
职教论坛	2	1.52			

注：数据来源 CNKI 数据库统计而得。

表2-2　样本文献发文三篇及以上期刊分布统计

期刊名	数量/篇	百分比/%	期刊	数量/篇	百分比/%
Human Resources for Health	6	3.53	*International Forestry Review*	3	1.27
Cahiers Agricultures	4	2.35	*Journal of Environmental Radicactivity*	3	1.27
Ecology and Society	4	2.35	*Journal of Rural Studies Plos One*	3	1.27
Food Security	4	2.35	*Society Natural Resources*	3	1.27
Sustainability	4	2.35			

续表

期刊名	数量/篇	百分比/%	期刊	数量/篇	百分比/%
Health Affairs	3	1.27			

注：数据来源 Web of Science 统计而得。

从统计的结果来看，CNKI 发文量 2 篇以上的期刊中核心期刊的占有量为 13 种，其中 CSSCI 达 8 种，占表中总期刊量的 53.33%。对于选定的专业领域的文献，依据布拉德福定律，核心区域包括的相关文献总量已超出 1/3，说明对此领域研究的文章已形成核心群；通过 Web of Science 期刊发文分布统计可以发现发文量超过 3 篇的期刊中，《卫生人力资源》（*Human Resources for Health*）位列第一，发文量为 6 篇，占到总发文量的 3.529%。

2.2 文献综述

Rosenthal（1997）指出，所谓危机是当人们面对重要生活目标的阻碍时产生的一种状态，这里的阻碍，是指在一定时间内，使用常规的方法不能解决的问题。李燕凌（2005）认为农村公共危机是一系列严重危害农村社会安全、政治稳定和经济可持续发展等会对农村产生严重危害的社会政治经济现象，其危害主要指对人们的基本价值观念和道德规范产生的冲击。本节将对目前国内外学界对农村公共危机管理的研究进行具体介绍并在此基础上做出简要的述评。

2.2.1 农村应急管理机制方面

有效的应急管理体制的建立，在应急管理过程中能够很大程度地降低政府的应急成本。自2003年SARS疫情暴发后，学者开始逐渐对农村公共危机应急机制进行研究。李燕凌等（2005）、何振（2010）、陈志杰（2011）等从理论层面对农村社会突发事件的预警、应急与责任机制等进行了研究，找出了在应急管理事件中存在的问题，并提出了相关的政策建议。陶建平等（2009）对我国公共危机下动物疫病应急反应体系建设提出了新的思路与措施。同时，Bayrak（2009）和Bagheri（2010）运用现代的科学技术，对灾害的检测系统和灾后重建过程中存在的危机情况进行了研究。在此基础上，McEntire（2012）对引起灾害脆弱性的原因进行了分析，得出可以通过减少风险、提高抵抗力两种方法来降低灾害的发生。本书认为，在对农村公共卫生事件进行应急管理时，可将管理的过程具体分为事前准备、事中应对以及事后补救三大环节。

与以上学者不同，梁瑞华（2007）从宏观的角度出发，将动物疫病控制政策和养殖农户的行为关联起来，设置成了中央政府、地方政府以及个人三方面的一种完美的、但不完全信息的、非合作动态的三方博弈，这使得动物疫情应急管理的研究具有了更重要的意义。Ross（2005）的研究同样发现，政府作为应急管理过程中的主体部门，须做好应急协调工作，从而使资源得到最优配置。在荷兰，对灾难和应急事件的管理被认为是地方政府的责任，因此，市长或专门的领导便被赋予了集权控制协调的权力。但是，Scholtens（2008）认为，从实践来看，在危机的关键时刻这种集权是无法实现的，它适用于应急准备阶段。Fleming（2008）通过对英国最近40年内禽流感暴发引致社会恐慌的研究发现，政府适时采取强制防疫措施应对防控禽流感，对降低动物疫情卫生事件的损害具有显著成效。郭占锋和李小云（2010）对当前农村公共危机应急管理的现状和问题进行了重新审视，并提出完善农村公共危机应急管理机制的理论分析框架。孟亚明等（2013）通过研究发现，构建以地方政府为核心的决策指挥救援机制、事发状态下新闻媒体发布宣传机制、心理救助机制、区域政府间的协调机制以及包括企业和各种非政府组织在内的多维主体善后机制，是地方政府能够积极应对重大突发公共事件的有效解决方法。

除此之外，有学者指出，农村社会突发事件也属于应急管理的范畴。因此，对应急管理机制的研究应包括对社会突发事件机制的研究。所谓社会突发事件，又可称为社会安全事件，依照相关规定来看，其属于突发事件的一种，主要由各种类型的社会矛盾所引发，具有一定规模，且给社会和民众正常生活秩序的稳定带来影响的群体性事件。但是不同的学者，如周定平（2008）、宫承波（2011）、戚建刚（2013），对其概念的界定存在着分歧，认为社会突发事件是由重大群体事件、暴力事件等所构成的。与此相似，冯毅（2010）认为，社会突发事件具有主观故意的因素，或人力在事件中起关键作用，对社会影响力较为广泛。另外，高校突发事件也是突发事件的一种。

魏玖长等（2011）探讨了诱发群体事件的影响因素，指出群体事件的发生主要受到内部和外部两方面因素的推动，内部而言主要是群体对利益的需求，外部而言主要受环境的刺激，其中前者是诱发群体事件的根本原因，后者则是导火索。刘德海（2013）从信息传播和利益博弈协同演化的视角解构了环境污染群体性突发事件的演化过程，建立了环境污染群体性事件的协同演化博弈模型，并结合相关事件对地方政府不同利益调整策略与信息传播策略的协同演化关系进行了分析。于建嵘（2003）研究发现，农村群体性事件是转型期社会冲突和农村治理性危机的重要表现形式，且能够客观地反映农村社会利益的整合以及社会秩序和民众政治意识状况，有着很复杂的经济、政治和文化根源。

Dobalian（2007）对农村社区应对突发性公共卫生事件，以及紧急医疗需求的影响因素进行了研究，指出生活在美国的社区居民所面对的一个重大问题是位置偏远和有限的医疗卫生资源。区晶莹等（2012）通过对农村突发性公共卫生事件的实证分析，得出农村最需要的是加强对相关部门进行农村突发性公共卫生事件应急处理的宣传与教育，以此才能增强其应对突发性公共卫生事件的认知。郭骅（2017）对社会现代背景下的城市应急管理情报体系的构建进行了研究，研究认为在城市应急管理中，人们往往强调管理、决策和信息，而忽视了信息与决策之间的情报。

曾子明等（2017）为解决突发事件管控过程中政府部门间存在的信息协同问题，对面向城市突发事件时国内外政府应急管理情报体系发展和研究现状进行了分析，在此基础上阐释了城市突发事件智慧管控情报体系的构成要素，进而构建了城市突发事件智慧管控情报体系，最后提出了该体系的保障机制。

由此可见，地方政府应对危机的能力、事前配备足够的急救设施和训练有素的人员，以及引导农民响应突发事件的意愿，在农村突发性公共卫生事件应急管理过程中具有非常重要的作用。

2.2.2 政府采取应急措施方面

从政府层面来看，刘菲菲等（2005）针对 3779 名南昌市居民就突发性公共卫生事件的相关知识的认知情况进行了调查。调查结果显示，各级政府、各级卫生防疫部门更应加强对郊区（县）和农村居民进行有关突发性公共卫生事件的义务宣传和教育。Carreño 等（2007）认为影响政府灾害风险绩效评估的指数主要有以下几个方面：对风险的识别能力、对灾害的抵御能力，以及由财政保护构成的政府灾害风险绩效的评估指数。与此相似，张仁平和曹任何（2008）针对长株潭城市群公共危机管理合作的模式，从政府实际管理的角度出发进行了研究。有学者如赵定东（2009）、陈升等（2010）、卢文刚（2010）等也对社会突发事件的特点以及政府部门应急指标体系的构建、应急能力和绩效进行了分析、总结和评价。Henstra（2010）从危机管理的前期准备、中期的减缓及后期的反应和恢复等四个阶段，对地方政府危机管理能力评估的定性分析框架进行了构建。Sinclair等（2012）对北美和新西兰政府的危机管理组织，通过问卷调查的方法进行了分析，得出了在应急管理中地方政府进行应急培训和提高演练效果的方法。Comfort等（2012）在对公共危机管理进行全面综述的基础上，总结得出了危机管理未来的研究方向，具体有以下几个方面：组织的协调与合作、危机综合管理的方法、危机响应和恢复以及社区的脆弱性。

更为具体地，毛刚等（2012）通过调查研究发现，公众对突发性公共事件的预防措施、应对措施、突发公共事件避难场所等7个因子的认知水平普遍较低，且存在明显的结构性失衡，比较偏向于感性认知，缺乏理性认知。此外，相关学者也同样强调，在突发性公共卫生事件应急管理过程中，媒体发挥信息传递的重要作用；在如今互联网加速发展的条件下，突发事件的信息传播更为迅捷，不当的信息传播极易引发网络和社会群体的情绪，从而产生严重的社会问题。因此，龙裕明（2009）、文秀维（2010）、赵卫东等（2015）、陈福集（2015）等研究发现，新时期突发事件处置更加考验应急管理的决策水平、应急准备情况、舆情管理能力。何振（2010）研究指出，湖南省各地方政府虽已在应急机构建设、预案编制、灾前预警预报、灾害信息公开、灾后救助等方面取得显著成效，但在信息管理、救济体系、灾害评估、监督体制等方面存在的问题相当突出。李华强等（2009）通过对突发性灾害事件中公众风险感知的研究分析，勾画出了一个完整的风险感知理论模型，这不仅使人们对风险感知有更好的理解，而且对其心理健康和应对行为产生作用，同时也为政府风险管理机制的构建和应急反应策略的制定提供了心理和行为理论方面的现实依据。包国宪等（2016）利用CiteSpace Ⅲ对CSSCI数据库中"政府绩效管理"主题文献进行了聚类和突变分析，得出政府绩效管理、国家治理体系，以及治理能力的结构与行政体制改革趋势相结合，共同构成了中国政府绩效研究的前沿。马建珍（2003）辨析了危机、危机管理之间的概念，并在此基础上提出了一系列提高政府应对危机事件的应急能力、处理能力、控制能力的政府危机管理战略措施。

Waugh等（2016）研究认为社会突发事件具有主观性和社会性的特征，因此在应急管理时需要对其加强应对。对受环境污染、非法添加、违规操作以及舆论误导引起的食品安全事件，他从应对方式入手将其分为消解式、严打式、清查式以及引导式四种模式。贾煜等（2015）的研究表明，企业能否提供安全的食品是权衡股东利益和消费者利益的决策结果，当前我国社会处于转型时期，制度和政策环境缺乏稳定性和可预见性，如果政府监管效率低下，将导致食品企业采取短视行为，食品安全事件则可能频发。董天策（2016）分析了网络群体性事件的各种范式，认为只有从网络公关、营销、谣言的治理、网络与集体行动、社会运动、国家安全以及网络动员等多元的理论视域与研究领域方面开展研究，才能推动该领域学术研究的切实进步，为互联网时代的社会治理提供有效的理论支持。曹现强、赵宁（2004）提出对政府不同的部门需进行相应的权责划分，授予不同组织部门相应的权力，同时可以结合法律来保障危机状态下相应权责机制的正常运行。本书认为，在应急管理过程中政府对灾害的识别能力，事前、事中、事后的预案能力、应对能力、补救能力以及新闻媒体的合理应用，是有效应对突发事件的关键因素。

闫振宇等（2008）指出，养殖农户的防疫信念对政府动物疫病控制目标的实现有明显正向的影响。但同时，吴悦平等（2009）认为，卫生专业技术人员的公共卫生知识水平、风险认知水平、应急管理水平和应急能力，在农村突发公共卫生事件应对中也显得尤为重要。除此之外，闫振宇等（2011）的研究结果表明，技术员、报纸、杂志、书籍是养殖农户获取防疫信息的重要渠道，其中性别、年龄、养殖数量和当地疫情状况是对农户防疫行为影响较为明显的其他因素。严奉宪（2012）从农户家庭微观视角以及农户减灾措施响应行为两方面对疫情应急管理进行研究，认为户主年龄、户主教育年限、决策主体、政策环境、预期收益和实施成本是对其造成显著影响的因素。林光华（2012）、童文莹（2013）对疫情事件进行了研究，认为无论是在禽流感事件还是其他动物疫情事件中，如果政府能够在加大宣传教育力度的同时确定合理的补偿标准或是制定相关补贴政策，都将有助于提高农户的报告意愿并自觉执行相关隔离措施，对控制疫情有很大帮助。沙勇忠和解志元（2010）从公共危机协同治理的内涵与特点出发，探讨得出目前管理理念的转变、协同治理结构的建立、机制的塑造、社会资本的培育等几方面共同构建我国公共危机协同治理的路径。

因此总的来说，在政府应急措施方面，我们不仅需要注意培养政府部门对灾害的识别能力，事前、事中、事后的预案能力、应对能力、补救能力以及对新闻媒体合理运用的能力，而且还需要注重培养农户的防疫意识和获取防疫信息的能力。

2.2.3 感知度的测评方面

Michael 等（1996）介绍，美国顾客满意度指数（American Customer Satisfaction Index，ACSI）是一种以顾客评价为基础，用来评价顾客满意度并以此为据来改善组织绩效的新型测量体系，该体系已经被应用到政府应急管理能力的测评中。与此相似，Kuwata 等（2002）在研究应急管理决策系统过程中采用了过程模拟的方法和系统动力模型的仿真演练方法对其进行定量评价。Mendonca 等（2006）、胡国清（2006）对公共卫生事件的应对能力以及决策支持的绩效进行分析评价。值得注意的是，在应急管理过程中，如果政府部门能够提高公众对事件的知情权，让公众得到足够多的信息，政府的行为将得到公众的理解和配合，那么可以在一定程度上提高政府部门的行政效率，塑造政府部门的诚信形象。同样，刘武等（2006）、赵琦等（2009）对沈阳市七个区行政服务大厅的服务进行地方政府顾客满意度指数模型的实证研究，提出构建地方政府满意度指数模型的建议，并构建了基层单位应急体系能力评估模型。谭小群等（2010）认为，可以通过多因素评估理论建立一套应急管理能力指标体系，用于对跨区域应急管理能力的评估。除此之外，王飞跃等（2010）、钟琪等（2010）、谭小群等（2010）、Cui 等（2012）认为，对突发性事件应急管理的农户感知度的测评，可以通过模拟仿真和实验平台设计、Logistic 模型构建危机治理网络系统动力学模型以及模糊综合评价法进行。

更为具体地，唐娟莉等（2010）采用因子分析法和二元离散选择模型，以陕西省的67个自然村的调研数据为研究样本，对我国农村地区的公共服务满意度及其影响因素进行了实证分析。李松光（2012）从宏观（机构整体水平）和微观（应急处置能力）两个层面构建适宜我国突发公共卫生事件应急能力评价的指标体系。从其他的应急事件感知度的测评来看，不同的学者采用了不同的方式，如曹玮等（2012）从"三预"的视角出发建立了以CRITIC为基础的综合评价模型，对区域气象灾害应急防御能力进行了评价。杨海东和兰小珍（2018）从组织管理、监测预警、资源保障、应急救援以及恢复总结五个维度构建了城市道路交通突发事件应急能力指标体系，并对指标进行量化测评，最终结果表明，F市在组织管理和应急救援等方面表现良好，但亟须加强对监测预警、资源保障和恢复总结等方面的建设，以提高F市道路交通安全突发事件应急能力。叶红霞（2018）以突发事件下乘客出行行为特征变化为基础，基于突发事件下乘客出行方案选择模型和多方式出行备选路径集的构造，建立了突发事件下受影响客流充分分布测算法，并通过相关数据验证了其有效性。Molinari等（2013）以意大利的城市桑治奥为例，详细说明了洪水应急管理绩效模型评估的有效性。苗成林等（2013）针对我国的煤矿突发事件的处理，运用习惯领域理论，提出了危机应急能力的评价指标赋权法。因此笔者认为，对感知度的测评可以通过对应急主体部门的组织结构、系统、过程、人员以及政府对公众信息的公开程度等方面展开。

2.2.4 危机防控能力研究

危机防控能力的研究属于应急管理的一部分。与此相近的概念有应急准备能力、减灾防灾能力等。应急准备是应急管理的第一步，包括编制应急预案和应急程序，征募并培训专业人员，做好必要的设施、装备和材料的准备，从而为应急响应提供重要的支持。减灾防灾则是一个贯穿应急管理全过程的概念，它既包括在灾害发生前实施的各种准备措施，也包括在灾害发生时提供被动的保护和灾后的恢复方案。减灾防灾活动主要是指降低风险的一系列的应急措施，例如风险评估、土地规划、建筑标准、房屋搬迁和各种降低风险的措施。应急准备活动主要对应急行动编制预案进行预演和预练，包括预案编制、人员培训和演练、物资配备、装备准备、通信保障等。无论是减灾防灾还是准备，人类的应急管理活动不可能划分得如此清晰，在应急管理活动中都可能跨越这两项活动的边界而交织在一起，解决危机带来的危害，例如开展公众教育、编制疏散方案、进行疏散演习、建立警报系统和应急通信系统等，这些既是减灾活动，也是应急准备的重要内容。这些研究为危机防控能力的研究提供了基础和借鉴。关于应急防控能力的研究，刘铁民

（2019）对应急准备预案设计及准备能力评估方法进行了设计和检验。另外在危机防控的研究中，还有其他的一些理论和模型，如《社会风险预警与公共危机防控：基于突变理论的分析》一文中所使用的，用突变理论来审视社会风险与控制公共危机；以传染病传播为例讨论了基于经典仓室模型的危机蔓延过程建模，演化结果显示了推行各类危机防控措施的必要性和合理性，同时也为研究传统危机防控措施提供了新的思考视角。

此外，"突发公共事件应急管理过程及能力评价研究"借鉴美国联邦紧急事务管理局（FEMA）和国家紧急事务管理协会（NEMA）刊出的"应急准备能力评估报告"（Capability Assessment for Readiness）构建了我国应急综合能力指标体系，主要分为第一层总目标、第二层分目标、第三层指标层以及第四层因素层这四个层次。第一层总目标指"应急综合能力"。第二层分目标包括应急硬件能力、应急软件能力以及应急"整合"能力。第三层指标层中的应急硬件能力主要包括通信和预警、后勤装备等指标；应急软件能力主要包括法律和权力、计划、运作方法体系等指标；应急整合能力包括灾害识别和风险评估、灾害风险减缓和管理、资源管理等指标。第四层因素层，主要指通过对我国公共事件应急管理能力进行实证评估，得出应急管理能力首先需要提高的相关因素如"法律和权力""演习、评价和改进措施""财务、管理和技术"等因素。

关于针对农业生产领域突发事件防控能力建设的研究论文暂时还没有找到，但是针对农业生产领域某一种突发事件应急管理的研究论文比较多，集中在动植物疫情和自然灾害上（自然灾害不仅仅针对农村）。从管理学的角度涉及动物疫情公共危机防控能力建设的研究论文更少，有部分论文从预防兽医学的角度来论述动物疫情危机管理。

2.2.5 动物疫情公共危机研究

动物疫情公共危机的研究，最早可追溯到1878年意大利许多农场出现的严重"鸡瘟"，当时被称为"欧洲鸡瘟"，直到1955年，这一疫病才被证实为是 A 型禽流感病毒。1999年3月至2000年3月，意大利伦巴第地区暴发禽流感，这次禽流感危机中共捕杀1300万只病禽。两年后，美国加州暴发禽流感，随后禽流感疫病扩散到亚利桑那州和内华达州。这次疫情中，326万只鸡被扑杀。时隔一年，欧洲再次发生禽流感，这次人类感染者达80人，并出现死亡病例。2004年，中国农村暴发大面积"高致病性禽流感"，引发了更为广泛的关注。

通过对动物疫情公共危机的研究，此类危机的基本特征可总结如下：第一，突发性和难预测性，有的甚至不可预测。刘琳琳（2007）认为导致事态不断扩大的原因主要是有些动物疫情公共危机在一个相当长的最佳控制时期内没有引起高度重视或无法正确测报，如四川省数十个县发生猪链球菌病就是一个典型案例。第二，事件涉及的对象具有群体性，事件往往同时危及多人，甚至波及整个生产或生活的群体，经常表现为疾病在村落、乡镇迅速传播。第三，对农村社会、经济的危害具有严重性。由于其发生突然，危及数众，损失巨大，具有公共危险性，严重影响农村社会经济秩序，因此其造成的社会危害相当严重。杨静等（2005）在对"禽流感"和"猪链球菌病疫情"暴发过程的研究中发现，因避险要求而将疫区全部的家禽、牲畜宰杀并销毁，使得疫区农民当年的农牧业生产遭受毁灭性打击。第四，预防难度大。我国现阶段的农业生产条件决定了要从根本上让农民与农作物、牲畜家禽等生产对象脱离直接接触，从而减少疫情感染的可能性，还存在一定的困难。第五，决策应具有时效性。周应堂（2008）研究表明农村公共卫生事件的发生具有突发性，事件演变过程有难以预测性，救治机会稍纵即逝。第六，事件处理的综合性（或称复杂性）。郭占锋（2010）研究发现农村公共危机管理不仅是政府领域的管理，还是全社会领域的管理。因此，农村非政府组织（RNGO）等社会主体都应在事件处理中发挥重要作用。

2.2.6 动物疫情公共危机防控研究

对动物疫情公共危机防控的研究，多数是从动物医学的角度，针对某一特定疫病，从病原学、病理学角度出发，通过实验研究从科学技术的层面研究其防控疫苗或者药剂。本书从管理学的角度出发研究此问题，因此更多关注技术手段之外的公共政策、经济补偿、社会管理对动物疫情的防控所起到的作用。关于这些问题，国内外学者在每个领域都有相应的研究成果。

在疫病防控机制方面，经过多年的实践，不断完善的相关措施，发达国家在动物传染性疫病的防控机制方面形成了一套成熟的经验，有很多的做法值得我们学习和借鉴。浦华等（2008）认为，在重大动物疫病补偿模式上，主要有以欧盟为代表的"防控基金＋市场支持"模式，以美国和日本为代表的"防控基金＋农业保险＋市场支持"模式，以及加拿大的"立法＋NGO＋市场化"模式。发达国家的补偿标准并不是简单的固定不变的，而是以扑杀动物时的市场价格为依据，随市场价格波动而变化。如2005—2006年，加拿大的补偿金额最高为每只鸡30加元、每头白尾鹿2500加元，但是2007年白尾鹿的市场价格上涨，政府随即调整补偿标准到每头4000加元。王功民（2007）、浦华等（2008）研究表明，由于补偿标准随市场的波动而变化，养殖户对政府的补偿措施和政策普遍感到满意。虽然国外学者的研究在一些领域依然存在争论，但是目前的成果对中国的研究者来说依然有很大的借鉴意义。

梅付春（2011）发现只有将疫情损失补偿金额提高至市价水平，才能鼓励养殖户积极上报疫情，杜绝养殖户道德风险的发生，在一定程度上弥补了现有补偿标准的缺陷，但这也不可避免地会增加政府支出。还有学者认为，养殖户是补偿标准的接受者，从养殖户受偿意愿角度来确定补偿标准可以使其更公平、更有效。方明旺（2016）认为，在充分考虑我国国情的情况下，我国未来应构建以"国家财政＋政策性农业保险"模式为核心内容的扑杀补偿机制，在加大国家财政支持力度的同时，充分发挥其他补偿主体，尤其是政策性农业保险在补偿工作中的巨大作用。

Bicknell（1999）表示，政府大规模的扑杀政策会对生产者产生消极的影响，原因主要在于大规模扑杀政策打击了生产者主动预防动物疫病的积极性，使得动物疫病暴发的可能性增大，在增加生产者的潜在风险的同时降低了生产者的福利。Mangen（2003）认为隔离政策对生产者福利也有重要的影响，由于受影响的主要是隔离区内的生产者，因此这种政策会加剧不同生产者之间福利分配的不均。同时隔离也会导致市场供给下降，从而使得价格上涨，总体上，生产者福利可能会有所改善。这可能是因为隔离这一政策的信号没有强到足以让消费者认为必须改变消费选择的程度。这种福利改善基本上被处于隔离区外的生产者获得了，并且这种福利随传染病的流行程度而发生变化——历时越长的流行病，对隔离区外的生产者越有利，而处于隔离区内的生产者的福利状况越差。

国际贸易政策的变化也会损害生产者福利。由于国际贸易在动物疫病暴发时受到阻碍，因此可以将之看作是隔离政策由国内延伸到国际，这对动物疫病暴发的国家产生巨大的冲击。Mangen（2003）对荷兰猪热病（Swine Fever）的一项研究可以证明贸易对生产者的重要性。该项研究表明，如果对出口的限制不那么严格，那么生产者的盈余会增加 5.02 亿欧元；而如果完全限制出口，则生产者就会集体受损。Rae（1999）认为，南美国家的生产者的福利在疯牛病和口蹄疫中都受到了严重的损害。对英国20世纪80年代末到90年代初的牛肉市场的研究表明，短期内疯牛病对牛肉的市场份额有巨大的冲击。2004年初暴发的禽流感使泰国的鸡肉和鸡蛋的成交量达不到正常时期的10%。对生产者来说，市场份额的缩小往往还伴随着价格的降低，这对其福利的损害非常严重。因为动物疫病的发生使消费者的选择充满了不确定性，消费者的选择受到了影响，他们无法判断自己购买的肉食是否像以前一样安全。虽然在某些情况下，肉食价格的下降不是必然的，但是就全球范围来看，价格下降在大多数国家都已发生了。

总的来说，动物传染病的暴发，对生产者来说往往意味着损失。即使在某些特定情况下，价格的上升可以给生产者带来福利，但是限制贸易和大规模的扑杀政策依然对生产者的福利造成了损害。尤其是在动物传染病长时期、大规模的流行时，比如20世纪90年代的英国牛肉市场，生产者的福利最终受到了较大程度的损害。而我国对动物疫病的经济影响的研究起步较晚。

目前，我国此领域相关的研究较多停留在相关政策、法规以及管理机制层面。如于维军（2006）研究认为，我国畜牧业在国际贸易中的竞争能力正直接或间接地受动物疫病的影响，并且动物疫病影响着畜牧业整体生产水平的健康持续发展。

2014年，中国经营网内容显示，近年来暴发的H7N9疫情使家禽业整体损失已超过800亿元，许多家禽养殖户（场）被迫关门，面临停产和破产。郭占锋和李小云（2010）研究发现，人感染禽流感病例出现以后，消费者对家禽产品产生恐惧心理，逐渐减少对炸鸡、鸡肉汉堡等快餐食品的消费需求，导致相关快餐业生意萧条，遭受严重损失，部分经营者表示将用鱼等其他原料来取代炸鸡，或关门转行，离开快餐业。于乐荣等（2009）认为，禽流感疫情暴发确实对中国家禽养殖户的生活产生了巨大影响，养殖户来自家禽养殖的收入及家庭收入都明显下降，但禽流感暴发对养殖户其他替代收入的影响不显著。张莉琴等（2009）分别计算了种禽繁育、商品禽规模养殖和散养三种模式养殖户在禽流感防治中的成本效益，认为损失最严重的是种禽养殖户，其次是商品禽养殖户，散养户损失相对较小。

世界各国在不同时期需要制定不同的疫病防控策略，也需要在各个策略中进行选择。以动物疫情防控策略制定为例，不同的国家有不同的政策。对这些政策的研究常常需要管理学和经济学的理论支持。

非政府组织（NGO）在突发性动物疫情防控中发挥了很大的作用，尤其是行业协会。朱宪辰（2007）认为这些行业协会在组织会员企业进行宣传培训工作、对企业进行食品安全方面监督、责令会员企业扑杀动物和召回问题食品、资助动物传染性疾病的预防与控制以及代表行业生产者对政府提出有关政策的修改意见等防控体系方面发挥主要作用。吴佳俊等（2010）研究认为，与国外相比，我国行业组织在突发性动物疫情这类公共危机中发挥的作用极为有限，这主要与我国非政府组织还难以承担与自身地位相当的社会责任有关。Bothe（1997）指出，要改善立法机关和政府对欧洲安全与合作组织（OSCE）的支持基础，还要充分地利用非政府组织的优势。因为非政府组织不仅在社会治理中扮演重要角色，而且它们都是基于各种社区信任而建立的草根支持力量。Comfort（2007）强调，有效的灾害管理离不开组织之间的共同认知和彼此沟通，而单一政府组织层级式的命令在动态性极强的灾害面前是失灵的，不能够建立起各个主体对灾情和潜在风险的共同认知。Kapucu（2011）指出，非政府组织在促进沟通、资源获取方面发挥作用，能够帮助组织建立起合作关系，从而促进信息和资源的流动，实现应急管理的目标。

林艳（2009）提出，当前法律为非政府组织的成立设置了较高的门槛，再加上与政府沟通多涉及其自身的缺陷，导致了非政府组织参与应急管理的能力不足。周秀平（2011）指出，非政府组织的响应受到来自政府、社会自身水平等因素的限制，如严格的登记注册制度等政策限制、市场经济发展不充分，社会公信力和认可度不高，非政府组织的专业性、稳定性、组织能力不足等，导致了其在应急管理的参与中仍表现出合作不足、沟通不畅、资源浪费、效率不高等问题。陈振明（2010）认为，特殊的时代背景和特殊的社会发展阶段决定了非政府组织参与突发自然灾害治理的必然性，从宏观的角度论述了非政府组织参与灾害治理的必要性。林闽钢等（2011）指出了突发自然灾害事件治理中我国非政府组织参与的难度。他们认为，我国参与灾害治理的非政府组织缺乏正式的和规范化的渠道与机制，正是因为如此，它们的一系列参与行为呈现出短期性、临时性、运动型等特征。

陈淑伟（2007）详细分析了大众传媒在突发事件应急管理中的角色与功能，突出了大众传媒在应急管理协调中的重要作用。张鹏（2007）介绍了城市应急和城市应急管理联动机制的概念，并探讨了构建政府与应急管理主体之间、政府与市民及民间组织之间、政府与媒体之间的联动机制问题。韩俊魁（2008）通过对汶川地震中非政府组织参与灾害治理的相关公益行动的实证分析，一方面积极肯定了它们在此次救灾中的有效作为，另一方面也揭示了它们的行动暴露出的一些问题，最后指出政府应积极鼓励非政府组织参与到自然灾害治理系统中。蔡放波（2009）则基于现实情况总结了灾害治理过程中政府和非政府组织合作的必要条件：首先，完善相关法律制度，明确政府对非政府组织应是指导与被指导关系，而不是控制与被控制关系；其次，完善相关合作机制，二者之间形成平等的合作伙伴关系；最后，完善相关约束机制，二者之间应构建切实的相互监督关系。在这样的背景下，迫切需要引入和调动包括行业团体、协会等非政府组织在内的更广泛的社会力量和资源，进行动物疫情公共危机的协同治理。

臧姗（2013）认为，一些地方政府出于自身利益与形象考虑，对危机信息采取压制与隐瞒等手段，或"报喜不报忧""报功不报过"。高素颖（2013）认为我国的社会参与机制还处于法律性的框架规定阶段，对政府与社会组织以及社会参与机制未形成制度化操作性指导与规范。李静（2013）认为，组织协调机制、资源整合机制不完善与我国未设立专门的危机管理机构来协调危机应对工作有关。马海韵（2012）认为，非政府组织在资金筹集与管理能力等方面存在不足，志愿活动存在狭隘性、组织存在家长制作风、志愿活动为业余性质等。

2.3 文献述评

综上所述，现有关于突发性公共卫生事件应急管理绩效评估的研究，已在一定程度上呈现出先驱性，为更好地促进政府应急工作的开展提供了许多十分有意义的借鉴，但就目前的研究内容来看还存在一些不足。

第一，现有文献对中国农村地区公共卫生应急管理方面的研究，更多地集中于基层政府单一性的危机管理策略，如事前的预防和准备策略、事中的应急演练和培训、事后健康状况的评估等，这些策略可以局部性地帮助基层政府完善农村地区公共卫生危机事件的应急管理机制。但是农村公共卫生事件应急管理的实践性非常强，涉及的内容也非常多，不仅有事前的准备、事中的应对、事后的重建，还包括农村应急组织的创建、应急保障设施的提供等。

第二，在应急管理的过程中，公众对突发性公共卫生事件的恐惧感以及对专家和政府的信任程度都将影响突发事件的演化及影响范围。因此，是否能够使突发事件应急服务顺利实施并具有有效性，除了政府主体的应急管理行为，还需要相关利益群体对突发事件有着正确认知。动物疫情，尤其是人畜共患疫病的暴发，严重威胁公共安全，并造成重大的经济损失，威胁社会稳定。研究表明，从公众的角度去反观基层政府的应急绩效，更加符合政府在公共卫生事件不同应对阶段服务职能的内涵，但是目前的研究鲜有关注公众的应急服务期望和其对应急服务的感知状况；另外，现有基层政府的应急服务策略的研究单一性比较强，不具有系统性和整体性。**因此，对于在对动物疫情的应急管理过程中，利益相关群体协同应对突发疫情事件，从而提升应对疫情事件的效能方面的研究尚存不足。**

第3章　相关理论与分析框架

通过第1章研究背景以及第2章文献述评，我们初步确定了所要研究和关注的重点，即重大动物疫情应急过程中政府主体和农户客体是影响最终应急绩效测评的两大方面。基于此，我们必须充分了解与政府主体、农户客体应急管理影响相关的理论，并用来分析政府主体和农户客体是如何作用于政府应急管理整体的绩效，其内在的机制又是如何，只有这样才能更好地把握这一问题的本质。因此，在进入政府主体和农户客体在应急管理中对政府整体绩效影响的实证分析之前，我们对本书的理论基础和分析框架进行具体的阐述，以便为之后的实证分析提供理论依据，从而使得后续的研究和政策建议有更充分的理论依据和针对性。

3.1 概念界定

对"突发事件"一词目前国内外已出现了多种称呼，如发生的一些自然灾害、交通事故、动物疫情等通常会被称为突发性危机、突发性事件、紧急事件等；学者们在研究的过程中提出了公共危机、公共部门危机、突发性公共事件、政府危机事件等一些新型名词，旨在与企业部门的危机概念相区别。近些年随着国际上公共部门的危机事件频繁发生，公共事件应急服务一度成为学者们研究的热点，这种现象在我国表现得尤为突出，所以本章所提出的"突发事件"和"应急服务"指的是公共部门的"突发事件"和"应急服务"。以下是对一些相关概念的界定。

3.1.1　期望与感知

"期望"一词通常被解释为"对事物未来的发展或人的前途所抱有的一种希望或者等待"。Finn（1972）将"期望"定义为期许最可能发生结果的一种状态，即在某些行为发生之前个人对自身或他人所抱有的一种潜意识的评价，在此基础上对被评价对象持有相应的态度，进而预期被评价者的表现是否符合此种评价的某些行为。Oliver（1980）在其研究中将期望定义为"用户对产品等所抱有的一种客观的事前期待"。Woodruff（1997）从期望价值形成的过程出发对期望进行阐述，认为是在购买或使用某一产品之前对产品所做的预评的过程。朱贤（1997）则指出，所谓"期望"，亦可称是对未来的一种期待和希望，它是一种随着时间变化的心理状态，是基于外界信息变化的经验，是人们对自身或他人行为结果的预测。公众期望主要来源于外界所给予的服务以及自身的一种需求。前者主要是指公众在体验政府提供的服务以及政府部门在发布服务信息的基础上所形成的一种期望；后者主要是指随着社会文化水平和生活水平的提高，公众相关思想、意识不断增强，从而对政府服务产生的期望也在相应提高。盛科明等（2006）认为，所谓公众期望是指公众对地方政府提供服务的预期希望。Anderson（1994）则认为，所谓期望即指先前的消费经验通过一个适应性机制（adaptation mechanism）来调整以前的心理预期，从而形成当前的预期。由于公众期望在现实的生活中来源于多个方面，因此，公众对所提供不同服务项目的期望也存在不同，所有不同的服务期望将共同对公众的感知度产生影响。需要说明的是，本书中所指的期望主要指事前、事中、事后三阶段的期望以及三阶段期望的总和。

感知概念的界定是基于政府服务和自身期望综合而形成的，它是用来反映持续型服务产品绩效的一个重要指标，是一种心理状态的加总。

高凤伟等（2015）将感知定义为，公众现实接受的服务与在未接受之前心理预期做比较后的一种感受，比值越大表示公众感知度越高，反之则表示感知度越低。杨凤华（2008）认为，所谓的公众感知是公众对政府工作情况有了一定的了解后，表现出来的对政府工作的感受程度，主要是对心理状态进行的量化与测量。闫章荟（2008）认为，公众感知度是用来衡量民众（公众）对政府工作心理感受和心理状态的一种标准尺度。当前所说的公众感知一般是指累积公众感知这一概念。在政府服务对公众感知影响的研究上，人们通常关注的只是最终结果的表现形式，即仅从很好、好、一般好、很不好等几个方面来观察公众对解决问题的感知程度。鉴于以上分析，本书中所涉及的感知主要是指以动态的事前、事中、事后三阶段的期望为基础而最终建立起的一种累积感知，且通常用数字的大小来衡量这种心理状态。

3.1.2 危机相关概念

对"危机"一词目前国内外已出现了多种称呼，学者们为了区别于企业部门的危机，提出了公共危机、公共部门危机、突发性公共事件、政府危机事件等新型名词。因为近些年来我国学术界对危机管理的研究一般都是以政府部门为主体的公共危机管理，所以，本章所提出的"危机"和"危机管理"指的是公共部门的"危机"和"危机管理"，以下是对危机相关概念的具体介绍。

危机及公共危机。对于"危机"这一术语的定义，不同的学者从不同的角度对其进行了诠释，且各有侧重。Barton（1993）认为危机是对组织、人员以及产品生产服务的资产和品牌，会造成一定负面影响的潜在不确定性事件。Augustine（2001）从"危机是指游离于生死之间的一种状态"的定义出发，认为危机是从原有的本体分离出来，而走向一种不确定的状态。我国学者也从不同的角度对危机的概念做了如下的界定。薛澜等（2003）将危机定义为"一种决策情势，即作为决策者的政府部门，在被认定为社会的基本价值和行为准则架构可能受到严重威胁时，决策者在有限的时间内做出的应急决策和措施，使得危机所造成的损失降至最低限度的情况"。杨冠琼（2003）用"危机事件"一词来取代"危机"，他认为危机事件是能够引起社会系统或其子系统在较大程度上和较大范围内基本价值和行为准则趋于崩溃，使得人们的生命财产受到严重威胁甚至会引起社会恐慌，社会正常秩序和运转机制瓦解的事件。张成福（2003）认为"所谓危机，是指一种要求政府和社会采取特殊措施加以应对，会对社会的正常运作，人的生命、财产等造成威胁的一种状态"。徐婷婷（2013）将危机定义为是某一种有机体的生命和外界的财产、秩序、价值等受到严重威胁的环境。此外，在《朗曼现代英语词典》中，对危机做出了如下两种解释：一种是严重的疾病突然好转或者恶化的转折点；另一种是事物在发生的过程中表现出的一个转折点，其具体时间和状态不能确定。

　　本书综合学者对危机的界定，将危机定义为"存在时间上的压力以及不确定性极高的情况下必须对其做出关键决策，且对一个社会系统的基本价值和行为准则构架产生严重威胁的事件，它是可能使事件变好也可能变坏的关键性的一个转折点"。由于不同学科的特点对灾害发生的整个过程阶段的划分也存在着不同，Robrt Heath（2004）从危机管理的角度出发将灾害划分为"灾害的识别阶段、灾害的预防阶段、灾害的应急阶段、灾害的恢复阶段"这几个阶段，也就是被称为经典的"4R"模式阶段划分。Christine 和 Mitroff（1993）从企业应对危机的角度将危机划分为危机信号的监测阶段、危机预防和准备阶段、控制危害阶段、危机的恢复阶段、学习阶段这五个阶段。Fink（1998）运用医学术语形象地将危机划分为征兆期、发作期、延续期、痊愈期四个阶段。Brich 和Guth（1998）等危机管理专家比较倾向于危机前期、中期以及后期三个阶段的划分，然后根据具体的情况在这三阶段划分的基础上再分成不同的子阶段。我国学者詹承豫（2008）针对汶川特大地震，按照时间发展的顺序将危机划分为初期的应急救援、中期的安置以及后期的恢复三个阶段。祝江斌（2011）将政府部门对重大传染病疫情的应对阶段划分为应对准备、预警控制、全面应对、灾后恢复四个阶段。鉴于以上学者对危机阶段的划分，本书将危机阶段的划分界定在"事前预防、事中处理、事后恢复"三个阶段。

3.1.3 公共危机

由危机的概念可以引申出与其相关的"公共危机"一词，"公共危机"是与私人危机相对应的一个概念，但就"公共危机"这一概念，学者们从自身的理解做出了不同的界定。张成福（2003）从公共管理角度出发认为"公共危机是超出了政府和社会所能掌控的管理能力而出现的一种对社会运作、公众的生命财产以及生态环境造成威胁的紧急状态"。周晓丽（2006）把危机界定为"危害到国家安全、公共利益和社会秩序以及对公民的人身安全和财产安全造成威胁，需要社会及相关政府部门做出紧急处理的事件"。蒋宗彩（2014）认为公共危机是危机发生在社会公共领域，对社会的正常运转起到了干扰影响如自然灾害、事故灾难、社会动乱等，其破坏力超过了社会所能承载的范围，需要多个主体在有限的时间内聚集各种资源，采取相应措施来解决的一种突发状态。

本书基于公共危机发生时具有公共性、关联性、隐蔽性等特点对公共危机做出如下界定，"公共"一词最早见于北宋初年薛居正的《旧五代史》"诏曰"："皇图革故，庶政惟新，宜设规程，以协公共。"其词义接近现代汉语词义。在西文中"公共"一词源于拉丁文"poplicus"，后来演变为"publics"，在14世纪又变为"public"，具有"人民的"意思，现代含义为"属于社会的"，一般用于国家、民族或特定集体相关的事务。由此本书将公共危机界定为"引发社会混乱和公众恐慌，需要以政府为主体的公共部门运用权力、政策以及公共资源等措施紧急应对和处理的危险境况和非常事态"。需要强调的是，公共危机与其他几种危机存在区别，主要区别在于公共性这一特点，其破坏性又很强，一旦发生则会威胁到所有公民的人身安全，从而引起社会的恐慌。因此，能否处理好突发性的公共危机，成为了考验政府执政力的一个重要指标。

农村公共危机。自2003年SARS疫情暴发后，我国政府相关部门和学者才开始逐渐重视农村公共危机的相关研究，由于农村公共危机受关注程度的时间还较短，因此对农村公共危机概念的界定也相对较少，且不同的学者有不同的观点。

李燕凌（2005）从多年的农村工作中总结出农村公共危机是指一系列持续的严重危害农村社会的安全，以及破坏政治和经济稳定的一种现象。梁亚樨和谢东（2007）认为农村公共危机是指能够直接威胁农民的生命财产，使社会整体秩序陷入一片混乱的非正常状态的某种突发性事故。卢泓宇（2007）将农村公共危机定义为乡村社会在遭受到某种突发性变故后，农村的生产遭遇严重破坏，农民的生命财产受到直接威胁，以及社会秩序陷入混乱的一种极不正常的状态。夏支平（2011）认为农村公共危机是一种地域性和区域性的公共危机，它除了具有一般公共危机所具有的特性，还具有涉农性、公害性、不确定性、扩散性、多发性、隐蔽性等自身的独特属性。李国鹏（2014）认为农村公共危机是由农村不同的社会矛盾、社会问题积聚以及激化后所形成的一种社会形态的表现形式。本书认为农村公共危机可以理解成是公共危机的一个地域性概念，具体可以指随着社会的发展，在农村出现的突发性紧急事件且亟须政府及相关部门做出重要决断并付出一定代价方能摆脱的困境。

农村公共卫生事件。高小平（2009）认为，农村公共卫生事件，是指在广大农村地区突然发生的，已经造成或者可能造成农村社会公众

（主要是农民群众）健康严重损害的重大传染病疫情（包含人与畜或人与植物交叉感染的传染病疫情），群体性不明原因疾病，重大食物、饮水和职业中毒，以及其他严重影响公众健康的事件。应急机制是政府应对突发事件的制度化、程序化的方法与措施，它既包括应对突发事件本身所涉及的包括决策、信息、执行、保障等四大系统的处理机制，也包括应对突发事件的周期性波动（潜伏、暴发、蔓延、稳定、下降、恢复）而进行的指向不同阶段的举措，主要包括预防、反应、扩散、恢复和总结五方面的内容。Altay 等（2006）认为，功能体系是结构体系重要的外显性表征。

3.1.4 动物疫情公共危机

2005 年 11 月 16 日，国务院第 113 次常务会议通过的《重大动物疫情应急条例》（下称《条例》）中第二条对重大动物疫情的概念做了清晰的界定。《条例》指出：重大动物疫情，是指高致病性禽流感等发病率或者死亡率高的动物疫病突然发生，迅速传播，给养殖业生产安全造成严重威胁、危害，以及可能对公众身体健康与生命安全造成危害的情形，包括特别重大动物疫情。从突发公共事件类型划分来看，重大动物疫情属于突发公共卫生事件；从危机诱因角度分类来看，则属于自然灾害型，也属于自然性危机事件。

我国将动物疫病分三类。第一类动物疫病为对人畜危害严重，需要采取紧急、严厉的强制预防、控制、扑灭措施的疫病，例如高致病性禽流感、蓝舌病、口蹄疫、绵羊痘和山羊痘、猪瘟、鸡新城疫等。第二类动物疫病主要为可造成重大经济损失，需要采取严格控制、扑灭措施的疫病，如狂犬病、炭疽等多种动物共患病，又如牛结核病、猪繁殖与呼吸综合征（即猪蓝耳病）等单一动物疫病。第三类动物疫病是指常见多发，可能造成重大经济损失，需要控制和净化的疫病，如大肠杆菌病、丝虫病、牛流行热等。在此基础上，我国列出了几类常见的重大动物疫病：禽流感、口蹄疫、猪瘟、新城疫、狂犬病、牛痘、蓝舌病、绵羊痘和山羊痘。除了狂犬病，其他都属于一类动物疫病。

第二类和第三类动物疫情暴发性流行时，需按照第一类动物疫病处理。无论是一、二、三类的哪种动物疫病，如果突然发生且迅速传播，都会给养殖户的生产安全造成严重的威胁，甚至在某种程度上会对公众的身体健康与生命安全造成危害。构成重大动物疫情的，则依照法律和国务院的规定采取应急处理措施。

根据突发重大动物疫情公共危机的性质、危害程度、涉及范围，将重大动物疫情公共危机划分为特别重大（Ⅰ级）、重大（Ⅱ级）、较大（Ⅲ级）和一般（Ⅳ级）四个等级。

3.1.5　危机防控能力及能力建设基础

危机防控能力。"防"主要指预防和防备，是为了应对攻击或避免伤害预先做好应急准备的工作；"控"主要指控制，是掌握住对象不使任意活动超出范围或使其按控制者的意愿进行发展；"能力"主要指掌握和运用知识技能的条件并决定活动效率的一种实际本领和能量。在本书的论述中，危机防控能力主要指政府及社会运用科学技术、物资条件并体现管理效率的一种制度安排和组织机制。

在应急管理中，常可看到"应急能力"或者"应急管理能力"的概念。例如美国北卡罗来纳州应急管理分局就认为，应急能力是地方政府为了减少自然灾害所造成的人员伤亡和经济损失，采取有效措施应对灾害的能力。这里的能力不仅是各级地方政府的能力，同时还包含众多非政府组织的能力。而对这种能力的评价包括法律、制度、行政、财政和技术共五个方面。

顾建华（2005）认为，"应急能力是依据法制、科技和公众对紧急事务的管理能力，并采取行政手段应对各种紧急事务，以减少人员伤亡和财产损失，保证社会正常稳定运行的能力"。在应急能力的研究中，由于"能力"包含有"效率"之意。因此，对应急能力强弱的判断往往通过应急能力评价指标体系的建立和测量进行。由于危机发生的种类繁多，所以对政府或社会所有可能发生的危机应急体系构建情况的评价，不可用单一的指标体系进行，而应当以单项致灾因子引起的危机为主进行综合分析。如《城市防震减灾能力评估研究》一文中，以地震灾害可能造成的人员伤亡、经济损失及回复时间等要素作为评价准则，构建了防震减灾能力的6个一级指标、20个二级指标和77个三级指标，并最终构建出这些指标体系与3个评价准则的关联模型，用灰色关联分析方法将3个评价准则综合成1个衡量防震减灾能力的综合指标。

在谈及公共卫生事件中的传染病或重大疫情的应急管理时，由于独特的病毒传染性和非人为因素造成的扩散性及流行性，人们往往习惯用预防和控制的方式来应对。或者说，对于生物性致灾因子，由于其有一定的潜伏期和症状征兆，人们更倾向于采用预防与控制的方式，在危机暴发前针对危机的根源，减少危机发生的可能性，或在出现征兆的初期，采取一定的措施限制其影响。因此，本书在研究动物疫情公共危机时，更多的是针对危机暴发前的应急准备，以达到减少危机暴发的可能性和在发现疫病时限制其影响的目的，本书将这一时期政府及社会运用科学技术、物资条件并体现管理效率的这种制度安排和运行机制定义为防控能力。

2005年1月5日，我国开始实施卫生部《关于疾病预防控制体系建设的若干规定》，规定中明确指出："加强国家、省、设区的市、县级疾病预防控制机构和基层预防保健组织建设，强化医疗卫生机构疾病预防控制的责任；建立功能完善、反应迅速、运转协调的突发公共卫生事件应急机制；健全覆盖城乡、灵敏高效、快速畅通的疫情信息网络；改善疾病预防控制机构基础设施和实验室设备条件；加强疾病预防控制专业队伍建设，提高流行病学调查、现场处置和实验室检测检验能力。"并且明确规定了国家级、省级、设区的市级以及县级疾病预防控制机构主要职责。因此有学者在研究疾病防控能力时，采用此规定中的条款，进行能力评价。

能力建设基础。通常对能力的研究以能力评估结果进行解释。能力，从心理学的角度来说有三方面的理解，一是潜能说，二是动态知识技能说，三是个性心理特征说。从哲学和人学的角度来理解，则有八方面的内涵，包括能力基础、内容、水平、发挥的合理性、发挥的效果、发挥的载体、发挥的机制以及发挥的作用。

根据以上这些内涵理解能力可以发现，能力具有显现性、全面性、可测性、方向性、可确证性等一系列特性。正是由于能力内含的这些特性，使得对能力的研究往往对其进行全面的测量。除了测量和评估外，能力建设是另一个重要的研究领域。"能力建设"（capacity building）这一术语起初是指国际组织，特别是联合国为其成员方提供援助的一种形式，以提供能力建设作为它们与成员方的技术合作的一部分，通常是为发展中国家提供某种特定技能帮助发展中国家培养或提升某种能力。联合国开发计划署将"能力建设"定义为：创设政策、法律框架和制度发展的有利环境，使得社区参与（特别是女性的参与）、人力资源开发与管理制度得到加强。

能力是具有一定素质的主体掌握和运用知识技能的条件，并决定活动效率的一种实际本领和能量。具有一定素质的主体和掌握运用知识技能的条件是影响能力实现效率的重要的主客观因素。从某种意义上说，能力建设可以从这两个维度展开。也就是说能力建设是对主体素质的充分培育和对能力得以充分发挥所依赖的条件体系进行的满足和创造。

浙江大学余潇枫教授认为，能力建设就是一个组织及其内外部的利益相关者充分发挥自身的内在潜力与外在条件从而达成既定目标所做的努力。能力建设需要一系列的保障基础，这些基础性要素贯穿于能力开发、发挥、实现的全过程。这些基础性要素包括创设适当的政策、法律框架，做好人力资源开发与组织管理制度的建设，形成个人和各类组织机构能够学习和掌握的知识，提供发挥和施展个人和组织知识、技能的基础条件保障，最终使得组织能够设置目标、达成结果、解决问题并创造自适程序（自我调整和自我改进），从而获得能力的提升和持久的生存。

以此判断，能力建设离不开能力基础的实现。首先，需创设适当的政策、法律框架和制度发展的有利环境，使能力在一定的政策环境中得到显现，形成能力的政策和组织性基础；其次，发展个人和组织的知识、技能和态度，形成能力的知识性基础；最后，需提供能力的基础条件保障，提供能力得以发挥和实现的物质性基础。因此，能力建设离不开能力基础的夯实和保障。提升能力的关键在于做好各方面能力基础的实现，通过各个基础要素的综合协调机制形成能力。

本书在研究动物疫情的政府防控能力建设时，不仅采用构建指标体系的方法对能力所体现出来的效果进行评估，而且对能力建设这一复杂且动态的过程进行了探讨。本书认为能力建设必须首先夯实能力的客观基础——法律制度、组织体制、科学技术和物资条件，然后通过应急响应机制来综合所有能力基础，形成防疫和控制动物疫情的力量。因此针对重大动物疫情公共危机的防控，本书将从支撑能力形成的四个基础以及形成能力的动态机制——应急响应来论述和评价 N 市重大动物疫情防控能力建设情况。

3.1.6 危机管理与应急管理

我国学者对危机管理的关注始于2003年暴发的SARS疫情。

Hermann（1972）对"危机"的定义较为接近我国对突发事件的定义，他将"危机"视为"一种情景状态，其决策主体的根本目标受到威胁，在改变决策之前可获得的反应时间很有限，其发生也出乎决策主体的意料。"Fink（1989）提出了危机管理的四阶段生命周期模型，即潜伏期、暴发期、扩散期、解决期。肖鹏军（2006）研究认为，公共危机管理的主体是政府或其他社会公共组织，管理的过程有监测、预警、预控、预防、应急处理、评估、恢复等7大类，管理的目标是阻止可能发生的危机和处置已经发生的危机，从而实现社会损失的减少，甚至"转危为机"。最终，危机管理是为了保护公民的人身安全和财产，维护社会和国家安全。

李松光（2012）认为，危机管理是指为了减少或者避免损失，在事件发生后通过及时、有效的应对措施使突发事件不转变成危机。希斯（2001）将危机管理定义为一种对发生的危机事件进行事前、事中、事后三阶段的全面管理，从中寻找出危机发生的根源并对其做出分析，分析它们所造成的冲击，从而能够解决危机带来的严重后果的一种管理方式。苏伟伦（2000）从组织的角度出发对危机管理进行了分析，认为危机服务是指组织通过对危机进行监测、预控、决策等一系列过程后做出的最后处理，使得原有的危机转化为机会的一种过程。芬克（2000）认为，危机管理是指对自然、经济、政治、文化等与危机相关的所有因素，做出全面分析的同时，进行组织管理预测从而防范危机发生的一种行为。何志武等（2004）认为，所谓公共危机管理是指对事先没有预料且发生的，对公共安全和公共利益产生严重威胁事件的管理方式。张成福（2003）以政府主体的角度为出发点，对危机管理进行了界定，认为危机管理是指在应对潜在的或者已经发生的危机时，政府部门依据危机发展的不同阶段所采取的一系列措施，以期能够很好地预防和处理危机的一种持续的动态过程，它具有一定的组织性、计划性等特点。本书对"危机管理"的界定主要借鉴张成福教授的解释，即"危机管理"主要是指组织进行长期规划和不断学习，以应对未来突发事件所带来严重威胁的一种动态过程，抑或是一种对危机事件所做出的管理措施以及应对的策略。

从我国普遍认同的定义来看，对危机管理的探讨则会将其与危机的生命周期理论联系在一起。目前学术界，对危机管理的一系列流程进行分阶段的研究比较成熟，有着丰富的研究成果。美国联邦经济事态管理局提出从减缓、准备、反应和恢复四个阶段模型分析应急管理。库姆斯认为应从预防、准备、绩效和学习四阶段对危机管理进行分析。此外，Health（2001）提出应当从缩减、预备、反应、恢复四阶段进行危机管理的研究分析。Augustine（2001）研究提出，危机的避免、危机管理的准备、危机的确认、危机的控制、危机的解决和从危机中获利的六阶段危机管理模型。在我国，薛澜等（2013）将危机应急管理分为预警和管理危机、识别危机、隔离危机、管理危机以及善后处理几个阶段并从危机管理的过程中建立危机管理的五阶段模型。

纵观每一位学者对危机管理研究阶段的划分可以看出，无论把危机管理划分为几个阶段，它的目标都具有明确性，即尽可能地控制事态的发展，减少危机带来的损失。管理者应同步采取一系列关键的行动，这些行动主要包括"甄别事实，深度分析，控制损失，加强沟通"。

基于以上对危机管理的定义以及分析的阶段划分的论述，危机管理的宏观架构和战略设计主要可以概括为"三大阶段"和"四大机制"。三大阶段主要指危机管理的事前、事中和事后阶段；四大机制指主要指危机的预警机制、处理机制、反馈机制和评估机制。综合机制和阶段的划分可以表示为：事前预警、事中应对、事后处理以及贯穿始终的应急评估。总之，危机管理是一个全方位、全过程的系统管理过程，是系统的组织安排、预案策略、技术保障、资源支持、社会响应和社会协同。管理的目的是尽可能采取一系列措施，预测和识别可能发生的危机，规避风险；并尽可能地减少危机的不利影响，减少损失和恢复社会稳定及公众对公共部门的信任；从而提高社会对危机的应对能力和自我救治能力。结合希斯的 "4R理论"，政府危机管理模型如图3.1所示。

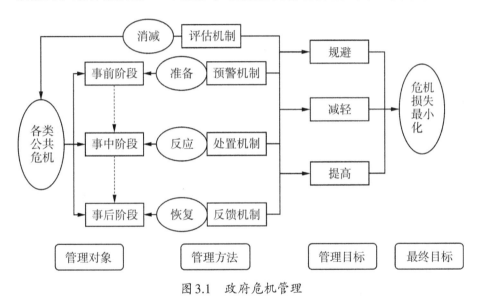

图 3.1 政府危机管理

在应急管理领域中，对不同类型应急组织关系的研究则侧重于对多类型应急组织合作关系的强调。Robinson 等（2006）在网络节点关系层面指出，应急管理系统具有多类型节点合作的特点，是应急管理领域网络化的驱动力。

应急管理，又被称为危机或灾难管理，对应急管理的研究虽然已有很长的时间，但其作为单独的学科时间还不是很长。因此，学术界还没对其进行标准概念的界定，国内外的学者关于应急管理的概念究竟如何，也是各抒己见。Heath（2004）从应急管理过程的角度出发，对应急管理做了界定，认为应急管理"是指对突发性事件的事前、事中、事后全过程所进行的危险来源、影响范围控制的一种管理"。此外，孔令栋等（2011）认为，应急管理是通过科学的预测而制定的，在突发事件暴发之时，所能够采取的应对事件事前、事中、事后不同阶段的预防、响应、恢复等一系列活动的总称。中国行政管理学会认为，"应急管理则是一种管理的过程，即政府为了有效处理和解决群体性事件而进行的有计划的管理，在管理的过程中如何有成效地应对各类群体性事件，从而最大限度上降低事件对社会的负面影响是整个管理过程的主要任务和目的"。董传仪（2011）对应急管理概念的界定，主要沿袭了危机管理的思想，认为所谓的应急管理指的是"为了化解危机带来的矛盾、减少损失、做好善后工作以及协调好与其事件利益相关者的矛盾，重新塑造政府部门组织形象的过程"。

Coles 等（2019）基于灾难响应的网络管理与适应系统模型，模拟了不同规模和能力的救援机构的复杂交互，为我们更好地理解应急机构的伙伴关系和互动提供了一条途径。

综上所述，学者们从不同的侧重点对应急管理的概念进行了界定，核心思想是"应急管理就是把社会所有相关资源聚集起来，用于应对突发性危机事件，使得危机事件损失最小化、决策最优化的整个目标实现的过程"。可以看出，应急管理的对象是突发性的事件，主要包括自然灾害、事故灾难性事件以及疫情事件和其他公共卫生事件。此外，不同的学者对应急管理事件的划分也不相同，目前主要是使用减缓、准备、响应与恢复四分法和事前、事中、事后三分法较多。本书认为将应急管理划分为事前、事中、事后三阶段，这三阶段之间是一个闭合的没有界限的流程，完整地构成了应急管理的生命周期（见图3.2）。在应急管理过程中，应急主体可以是政府部门、企事业单位也可以是民间非政府组织等机构，结合本书的研究目标及研究对象的特点，本书的应急管理主体指的是政府部门，应急管理的对象是突发性动物疫情，**但是本书的最终结论适用性仅局限于动物疫情事件。**

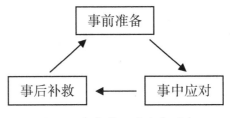

图 3.2　应急管理的生命周期

3.1.7　政府应急管理及绩效评估

3.1.7.1　政府应急管理

应急管理概念的提出，主要是针对重特大事件而产生，具体指为了减少或避免事件带来经济损失或人员伤亡而进行的事前准备、事中应对以及事后补救等一系列工作。应急管理工作具有非常强的时效性特点，在极短的时间内需要相关部门做出各种不确定的决策。

随着社会经济的发展和突发事件发生频率的增加，公众对突发事件应急的需求和事件处理的关注度也越来越高。在新形势下，为应对突发事件引发了政府公共事件应急管理这一概念，它主要是指由政府部门制定一系列的管理措施以及应对计划（包括应急准备、应对以及事后的恢复等不断调整的动态过程），在突发性事件发生时能够减轻或者避免事件带来严重后果的活动。因此，政府应急管理主要指政府机构在突发事件发生前的事前预防、事中应对以及事后善后的过程中，通过学习制定必要的应对机制，采取一系列必要措施，在突发事件发生的第一时间采取应对策略，从而减轻突发事件带来的危害，保障公众生命财产安全，促进社会和谐健康发展的有关活动。

3.1.7.2　应急绩效评估

突发性事件暴发的特点之一是具有破坏性，其对社会环境以及公众会造成严重的危害，而处理这些事件的主体是政府部门，其在应对过程中采取措施的不同将直接影响到事件处理的结果。对突发性事件应急绩效的评估应建立在应急能力的基础之上，应急能力主要指为了使突发性事件带来的经济损失或人员伤亡的程度降到最低，保障社会经济和生活环境处于安全、有序、稳定的状态，在应对突发事件时所采取的一种方案。

现实生活中，政府部门不仅是国家行政权力的载体，也是实际的行为主体，它拥有政治、经济、文化等职能，是处理公共事务的主体部门。因此，政府应对突发事件的绩效是其应急管理重要的组成部分，强调政府部门怎样履行职能以及履行职能的行为结果，即所谓的绩效。

绩效是一个综合性的概念，最开始是指业绩，即用于对利润的衡量，后来随着社会的发展，业绩这一词逐渐被引入政府的管理上。从本质来看其主要反映的是单位的投入产出比，是成绩，也是一种效益。对于组织部门或者个人而言，绩效主要指在时间、职能等约束条件下所达到的一种效果。但是，因政府应急管理绩效涉及的内涵较为丰富和复杂，在学界目前对其概念的界定尚未形成统一的观点。

美国联邦政府对政府公务员的绩效评价始于 1842 年，杨杰等（2000）的研究认为，对绩效的考量应注重系统性和全局性，需同时从时间、方式以及结果三个维度进行，这三者构成了一个三维立体空间，如图 3.3 所示。廖洁明（2009）认为，从三维空间的角度去看待绩效，不仅可以使组织和个人在不同历史时期的绩效，以点、线、图的方式直观地呈现出来，而且也便于对个体和组织水平的比较，这样可以更简洁形象地表示出时间、方式和结果之间的关系。

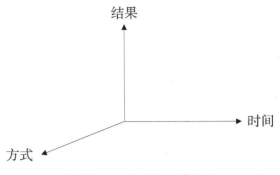

图 3.3　绩效内涵三维剖析（廖洁明，2009）

本书结合以往学者的观点，将政府应急管理绩效评估定义为，政府在应急过程中，运用系统科学的评估指标和方法对政府部门在应急管理过程中履行的职能，最终产生的结果进行测评并依据测评结果提出改进绩效的过程。在评估的过程中，评估者可以将实际运行的指标体系与评估标准进行比较，从而判断政府责任的完善情况。其过程主要包括内部和外部两方面，内部评估指的是上级对下级部门以及分支单位的工作人员工作过程中的职责、规范等方面进行的考量；外部评估指的是社会公众以及政府应急管理的对象对政府部门及相关人员的评估，该评估能够为政府应急管理提供参考作用。因此，良好的应急管理绩效评估有利于政府应急能力的提高，有利于发现政府在工作中的失职情况，及时地反馈信息，进一步保证政府以后应急工作的可持续性，从而提高政府的公信力。

3.2 危机事件的分类

本节主要对一般危机事件和农村危机事件这两种事件从不同的角度进行分类，纵观已有的研究，通常将其进行了六种分类；农村危机事件分为群体性事件、灾难性突发事件两类，其中灾难性突发事件又可以细分为自然灾难事件、生态环境事件、公共卫生事件三种类型。

3.2.1 危机事件分类

基于不同的角度，可将危机事件分为不同的类型，纵观已有的研究，学者们对危机事件进行了以下六种分类。

按危机发生时影响的范围大小来进行划分，一般可将危机事件分为世界性的危机事件、国家性的危机事件、地方性的危机事件以及企业组织性危机事件等。

按危机发生时危害程度的严重性及可控性的程度，可将危机事件分为Ⅰ级（特别重大）、Ⅱ级（重大）、Ⅲ级（较重）和Ⅳ级（一般）这四个等级，且根据严重程度分别用红、橙、黄、蓝四种颜色来表示。具体如表3-1所示。

表 3-1　危机等级划分

等级	颜色	危害程度	涉及范围
Ⅰ级	红色	特别重大	大面积扩散蔓延
Ⅱ级	橙色	重大	有扩散迹象
Ⅲ级	黄色	较重	暴发并流行
Ⅳ级	蓝色	一般	在单个行政区域内流行

按危机发生时所涉及的领域不同，可将危机事件划分为政治性、社会性、宏观经济性、生产性等四种危机。

按危机产生的诱因不同，可将危机事件分为外生型危机（系统外部因素诱发而形成）、内生型危机（系统内部某些因素发展失衡而造成）、内外双生型危机（由内外部不同因素共同作用而形成）。

按危机发生过程、性质和机理不同，可将危机事件划分为自然灾害（干旱、地震、台风、海啸等）、灾难事故（交通运输、放射性污染）、社会安全事件（恐怖袭击事件、游行示威、纵火），以及经济危机（经济危机、金融危机能源危机等）。

按危机发生顺序分类，可将危机事件分为原发性和继发性危机两类。其中原发性危机指的是最初由特殊的条件而引发的危机事件，继发性危机指的是由原发性危机事件引起的后续的新型危机事件。

3.2.2　农村危机事件分类

我国农村是社会文化、宗教信仰等多种因素的综合体，危机事件发生时基层农民和政府之间缺乏有效的沟通和信任，因此会引起各种矛盾和利益冲突，这给我国农村的发展造成了极大的影响。本书关注的是政府部门在处理危机事件时农户的感知度，综合学者对农村危机事件的研究，本书将农村危机事件按性质分为：群体性事件、灾难性事件、自然灾害事件、生态环境事件以及公共卫生事件等。

群体性事件。群体性事件在西方国家又被称为"集体行动事件""集群行为事件"，又或是"集合行为事件"。美国著名社会学家帕克曾对"集合行为"概念做了界定，他认为"集合行为"是一种个人以集体推动和影响为基础的情绪冲动行为。在我国，直到21世纪初期，群体性事件才有了相应的界定。

但是，目前在我国的学术领域内，对群体性事件内涵的界定，尚未形成统一认识，高勇（2006）认为，群体性事件是因社会转型时期的人民内部矛盾引发，或因内部矛盾处理不当，长期积累而形成的一种不一定发生在农村的群体性事件。李燕凌、欧立辉（2008）认为，农村群体性突发事件是农村的各种社会矛盾、社会问题，以及自然环境矛盾积聚、激化后所表现出的一种社会形态。以上学者对群体性事件概念的归纳、总括，为研究者们提供了不可或缺的理论依据，具有很高的理论价值。本书参考上述对农村群体性事件的界定，将农村群体性事件定义为"一种由于当地的供给和需求或其他因素达到一定规模而形成的群体性突发事件，它的发生将严重影响农村地区的社会、政治以及经济的稳定发展"。从定义中可以看出农村群体性事件一般可分为：（1）农民与基层政府之间由于缺乏信任和沟通不畅而造成的各类突发事件，这些事件对农村的发展造成严重的阻碍作用；（2）农村地区的投毒、斗殴及带有黑社会性质的团体活动极易引发农村社会混乱和动荡的治安类事件；（3）由于家族及信仰等复杂问题引起农民之间的矛盾和争斗事件。

灾难性事件。灾难性事件是指在人类社会发展中，由于一些不可抗的因素而导致的灾难性事件，如自然因素造成的地震、海啸、泥石流等自然灾难事件，人为造成的生态环境事件，以及其他因素造成的传染性公共卫生事件。这些突发事件将对社会环境或人类生命健康造成严重的后果，这时就需要政府和社会采取紧急的救援行动。

自然灾害事件。我国是世界范围内自然灾害发生最多的国家之一，每年都在不同的地区不断发生如洪涝、干旱、台风、沙尘暴等自然灾害。这些自然灾害给我国人民带来巨大经济损失的同时，也给人民生活带来了严重的影响。据相关部门统计自然灾害每年给我国造成的直接经济损失达1000亿元以上。2018年第一季度，各类自然灾害共造成全国1272.2万人次受灾，53人死亡，2人失踪；5.4万人次紧急转移安置，16.2万人次需紧急生活救助；近3000间房屋倒塌，6000余间严重损坏，14.1万间一般损坏；农作物受灾面积达1241.4千公顷，其中绝收达69.8千公顷；直接经济损失达196.7亿元。

生态环境事件。近年来，农村自然资源开发利用的需求不断地增加。首先，为增加粮食的产量，农户大量使用化肥、农药以及农膜等这类化学药品。其次，为提高经济发展速度，"污染下乡"现象也较为严重，这些情况的出现使得生态环境承受的压力越来越大，不仅给我国农村发展带来负面的影响，同时也会造成农村空气质量下降、水源和土壤的严重污染，给农业生产和农民生活造成了极大威胁。

公共卫生事件。从医学的角度来看突发性公共卫生事件可以理解为，短时期内由某种因素或多种因素引起的对人们身体健康、心理健康以及社会的整体卫生状况产生一定影响的事件。与公共卫生相关的突发事件和其他的安全事件一样，公共卫生事件的突发性也是国家安全的重要组成部分。2003年非典事件、2004年农村大规模暴发的禽流感事件，在严重损害农民健康的同时也极大地影响了我国农村经济的发展和社会稳定。

从上面对公共卫生事件的介绍，可以得出公共卫生事件以下的一些特征：（1）突发性，与其他的突发危机事件一样，公共卫生事件的发生也具有突发性的特征，且这种突发性没有任何的征兆；（2）危害性，从非典和禽流感事件的暴发以及事件的一些次生危害的出现（如听信谣言抢购物品导致的哄抬物价）可以看出公共卫生事件的暴发对人们有着直接和间接的危害；（3）复杂性，公共卫生事件的发生，在多数情况下是由于多种因素的综合而形成的，但如果政府不能够在公共卫生事件发生的第一时间内做出有效的应对，来控制事件的发展，将加大直接危害和次生危害的严重性，甚至引起社会动乱和失控的危机，给人们带来毁灭性损失和破坏。

3.3 理论基础

3.3.1 管理相关理论

管理的活动源远流长，已有数千年的历史。但从管理的实践到最后形成一套相对完整的理论，需要经过相当漫长的历史发展时期。确切地说，管理理论是近代所有管理理论的一个综合。对管理概念的界定，俞可平（2001）认为，管理从某种程度上可以看成是治理，主要指在一定的范围内官方或民间政府部门，运用其权利来维持秩序以满足公共需要的活动过程。

管理不是万能的，在管理过程中也存在着管理失效的情况，针对这一情况，学者们从合法性、透明性、责任性、有效性等几个方面提出了公共利益最大化的管理方式。合法性是指在处理危机事件时所采取的措施必须依法执行。透明性主要是指在政务处理的过程中信息是公开的，每一位公民都能够获得与自身利益有关的信息，并且这些公民能够有效地参与到公共决策中，同时可以对管理的过程进行有效的监督。责任性主要强调的是管理机构或管理人员在承担某项职务所需要承担的相应职能和义务。有效性主要从管理的成本进行解释，即机构设计方面具有合理性，管理过程须科学且最大限度地降低成本。此外，管理理论在管理的过程中也强调多元化的管理方式，即应对危机过程中除政府具有管理权利外，其他各种非政府组织以及公民个体都有参与管理的权利。我国实行基层群众自治制度，依照宪法和法律保障农村村民自治，进行自我管理。

3.3.2 政府理论与参与理论

政府理论。在任何一种重大危机应急管理中，政府部门始终扮演一个举足轻重的角色。因此，有必要对"政府"做相关的理论介绍。从我国的政治管理视角来看，政府是国家和社会之间的代理机构，即国家权力机关的执行机关。在西方国家，学者认为"政府"就是指针对社会不良状态，而设计出的应对补救办法，通过协议而达成的共同体。法国的卢梭认为，政府主要指的是在臣民和主权者之间建立起来的中间体，这个中间体负责执行相关法律并维持社会的稳定和政治的自由。19 世纪 60 年代，密尔在《代议制政府》中指出，"政府既是人类的精神支柱，也是处理公共事务的一套组织安排"。而我国学者乔耀章教授认为，有关政府的概念可以从五个不同的层次来进行解释，从宏观的方面可以理解为政府是治理国家或社区的政治机构。本书的政府理论主要以乔耀章教授的观点为基础，即政府指的是在处理突发性危机事件时，做出相关组织、指挥、控制、协调等决策的国家权力机构。

　　参与理论。本书所说的参与理论指的是公民参与理论，公民的参与不仅是我国实行民主管理的一种表现，也是我国实现社会主义政治文明的重要基础。公民参与的概念大约从二战时期出现，当时西方的一些政治学者对各国文化背景以及发展的阶段进行了比较，提出如"政治参与、社会参与、公众参与"等与"公民参与"概念相关的名词。目前在现代西方颇具影响的政治思潮中，无论哪种理论都或多或少地与公民参与理论相关联。公民参与理论的先驱安斯坦（Sherry Amstein）曾表示，"公民参与是公民权利运用的一种方式，是对权力再分配的一种形式，目前在一些政治类、经济类活动中，民众虽然无法掌握权力，但是他们的意见在未来会被有计划地列入考虑"。加尔松（Garson）和威廉姆斯（Williams）提出，"公民参与主要是指在执行方案和管理的过程中，政府提供的相关施政反馈渠道回应民意，从而使民众用更直接的方式参与到公共事务中去，与服务民众的公务机关直接接触的行为"。国内学者们对公民参与的概念也做了大量的研究，一致表示公民参与是公民通过不同的合法方式自愿参与到政治生活中的一种行为。

　　我国宪法规定，"中华人民共和国的一切权力属于人民"，"人民依照法律规定，通过各种途径和形式，管理国家事务，管理经济和文化事业，管理社会事务"。可以看出公民参与是现代民主政治制度对公民赋予的一种权利，这种权利的赋予也说明了民主在国家发展中的重要性。本书认为公民参与指的是一种政治现象，即公民对一些关于自身利益的事件（不仅包括政治事件，还包括危机事件）处理过程的参与，同时享有参与过程中可以发表自己观点的权利。

3.3.3 公共管理及公共危机管理理论

根据发展的历程，公共管理理论可划分为传统公共管理理论和新公共管理理论。20世纪70年代末，在西方国家兴起的新公共管理运动中出现了公共管理的概念，此后对于公共管理方面的研究一直层出不穷，研究涉及的内容非常广泛，但对于如何界定公共管理还没有统一的看法，作为人类探索社会管理与实践的一种工具，公共管理自产生起就众说纷纭，学者们也是各抒己见，给出了不相同的定义。

张成福（2003）将公共管理定义为"一种以政府部门为核心，广泛运用政治、经济、管理以及法律的方法提升政府绩效和公共服务品质从而实现公共福利与公共利益的活动"。张良（2001）认为，公共管理是社会公共组织及其他组织为了社会共同利益的实现和整体的协调发展，通过制度、手段的创新对社会公共事务进行调节和控制的活动。

公共危机虽然在国内外有着不同的定义，但是与危机的定义相比，其概念的丰富程度相对较弱。张成福（2003）将公共危机管理定义为一种对社会正常运作带来影响、对公众的生命财产以及环境造成威胁损害，且超出政府和社会正常管理能力的紧急事件或状态。韩宝微等（2018）认为，公共危机管理是指政府和社会在运行的过程中，面临突发公共危机事件时所必须做出的非程序化决策管理活动。在活动中，政府需要整合社会相关资源，与社会公众和组织进行协调互动，充分合作，从而化解公共危机以便进行事后社会秩序的恢复。

纵观学者们的观点，本书认为公共管理是一种通过整合各种社会资源，并运用政治、经济、管理、法律等方法对公共事务进行管理的社会活动；是政府部门为实现社会整体协调发展的目标，而采取各种方式对涉及公共利益和整体生活质量等一系列活动进行管理的过程。同时，公共危机管理是指政府对危机事件的管理，即政府在公共危机产生、发展时，为了减少或者消除危机的危害，根据事前所制订的管理计划和程序而对危机事件采取的对策及管理活动。

3.3.4 流行病学理论

流行病学最初是指对特定群体中疾病和健康状况的分布与决定因素进行的调查，并研究如何防治疾病和促进健康的科学，也是预防医学中的一个重要学科。基于此，闫振宇（2012）认为，动物流行病学可以理解为"动物群体中疾病流行的问题"，此概念的特点是不涉及人群，但是现实生活中有一些动物疫病存在人畜共患，无论从现实的哪一个角度出发都不可能将动物疾病与人类疾病完全分离开来。因此，本书中的流行病学主要指涉及人类群体、动物群体中疾病的分布及其决定因素。

刘秀梵（2001）认为，在动物疫情应急管理中，农户作为利益的直接主体，主要在动物的喂养、防疫以及疫情发生的控制等环节影响政府部门对疫情防控管理。动物发生疫病主要受地域和年龄两方面的影响，临床表现中不同年龄的动物对疾病的敏感性存在着不同。地区对动物疾病的影响主要通过周围的环境以及当地兽医工作人员的技能等方面体现，放牧容易增加动物与病原体的接触，从而增加疾病传播的概率，而集约化的畜舍饲养虽然可以减少动物与病原体的接触，但是又容易造成其他的身体问题。因此，政府在农户饲养环节鼓励其科学饲养并给予适当的指导，此举措将有利于对动物疫病的控制。

3.3.5 动物卫生经济学

动物卫生经济学（Animal Health Economics），也被称为兽医经济学（Veterinary Economics），是兴起于欧美国家的一门新兴学科。1976年，在英国伦敦雷丁大学（University of Reading）召开首届国际兽医流行病学与经济学研讨会，标志着动物卫生经济学研究体系的初步确立，同时也标志着在动物疫病防控决策中运用统计学、经济学等研究方法成为一门综合性的研究学科。该理论主要运用已有的兽医科学，包括免疫学、传染病学、公共卫生学以及相关自然科学的基本概念和方法体系，采用经济学分析方法，对动物疫病的经济影响和实施防控项目的经济指标进行定量分析，其主要目的是为动物疫病防控决策提供依据，并为政府制定保护畜牧业生产的措施提供技术支持。

作为一门经济学和兽医流行病学的交叉学科，动物卫生经济学的研究实际上是综合运用兽医流行病学和经济学（Veterinary Epidemiology and Economics）的理论和知识，对动物疫病的经济学影响进行分析，属于卫生经济学的范畴。从卫生经济学的发展来看，学者们运用经济学的概念和模型对动物疫病的损失进行评估，从而提出动物疫病防控的优化策略，主要包含成本效果分析、成本效益分析和成本效用分析几种方法。

成本效果分析（cost-effectiveness analysis，CEA）是一种评价动物防疫干预项目成本与结果的方法，成本效果比的形式是各类决策者对动物疫情防控重要决策的依据。在研究中，人们用预计可以减少的发病动物数量（或者因采用动物疫病防控项目而避免的感染和死亡的畜禽数目）作为效果指标，其基本的思想是如何以最低的成本实现确定的计划目标。或者以最低的成本达到确定的计划目标，又或者在疫情控制成本一定的情况下，选择的方案获得最佳应对效果，即如何在一定的成本下，尽可能降低发病率。由于成本效果分析相对简单，所以它是卫生经济学评价中最常用到的方法。它的思路非常简单：在已知目标的情况下，寻求实现目标的最好办法是什么；或者在预算确定的情况下，资金能够发挥最大效果的途径是什么？

浦华等（2003）选用禽流感中家禽期望减少数量作为效果指标，分析了家禽规模化程度发展不同的两个典型地区，疫苗免疫覆盖率和高风险持续时间对禽流感暴发后实施强制免疫效果的影响，运用决策树法对禽流感暴发后两个地区实施强制免疫与禽流感中家禽减少数量进行估算，进而进行成本效果分析。研究表明，禽流感暴发后只实施扑杀而不强制免疫、实施扑杀与强制免疫并举分别是家禽规模化饲养比例较高或较低地区的经济学优化方案。

张淑霞等（2013）通过测算发现，平均每只蛋鸡损失为37.83元，其中直接经济损失约占90%，间接经济损失约占10%。孙德武（2004）和梅付春（2011）研究表示，在政府没有许诺给养殖户合理的经济补偿以及全民素质有待提高的情况下，政府要求的凡疫必报是不现实的。而且该情况易滋生私自贩运疫区家禽的不法行为，也将直接影响禽主配合政府扑杀行动的意愿和积极性，增加动物防疫工作的难度，造成重大疫情隐患。张跃华（2012）研究发现，如果出售病死猪的收益大于报告疫情的收益，养猪户就有可能出售病死猪，并且实证研究发现有10.17%的养猪户选择将病死猪卖掉。此外，疫情补偿政策也将影响疫情申报制度实施。林光华等（2012）认为，养殖规模、对禽流感暴发风险的认知、对禽流感威胁人类健康的认知、对禽流感政策的认知水平、对扑杀补偿政策的信任程度等因素影响农户禽流感报告意愿。

成本效益分析（cost-benefit analysis，CBA），是对全部备选方案的全部预期成本和全部预期效益进行评价来帮助决策提供经济学依据，在动物卫生经济学中常用成本收益率（benefit-cost ratio，BCR）来描述。成本收益率是指动物疾病防控项目实施的收益与成本的比率。如果实施时间较长，通常用项目的收益现值与成本现值的比率来计算。如果一个项目的成本收益率大于1，那么该项目就是可取的。人们常常对免疫接种和扑杀两种防治措施进行成本效益分析。

目前我国学者在此方面的研究，主要集中于水产科学方面，如米彦飞、吴淑勤等构建草鱼疫苗接种成本效益分析的数学模型。其结果认为如果对草鱼进行预先接种，每公顷养殖净收入增加14500元，这表明草鱼接种疫苗后可获得较好的成本收益率。张淑霞和陆迁（2013）认为，我国目前的疫情损失补偿金额过低，仅能弥补蛋鸡养殖户疫情损失的26.43％，尚不到蛋鸡养殖户疫情损失的 1/3。其次，疫情损失补偿金额对不同日龄蛋鸡的补偿强度各异，100 日龄、240 日龄、360 日龄蛋鸡的补偿强度分别为31.61％、17.32％、42.9％，这意味着政府还应该针对不同日龄实行差别化的补偿标准。此外，我国的补偿标准除了依据养殖户的直接经济损失以外，还要考虑疫情事件对畜产品市场价格冲击给养殖户造成的损失。

成本效用分析（cost-utility analysis， CUA）是通过比较几个备选方案的投入和产生的效用来衡量各项目优劣的方法，是成本效果分析的一种发展，而且是卫生经济学评价的主要标准。它的目的在于把多个产出测度结合起来，而且不需要对效益赋予货币价值就可以对卫生部门的项目加以比较。在这里，成本与成本效果分析、成本效益分析中的成本相同，"效用"在卫生经济学中有专有含义，指的是健康产出，一般使用的计量单位是质量调整生命年（quality-adjusted lifeyears）、健康生活日（health life days， HLDs）等。通常，效用由生活年数、生活质量两部分组成。

近年来，此评价方法在控制高血压、糖尿病等慢性病，以及控烟、艾滋病、结核等传染病的健康项目上使用较多。但就研究情况来看，该方法主要运用于人类传染性疾病和慢性病的预防、控制和治疗政策的评估上。在动物防疫领域，没有确立较好的"效用"指标，因此，此方法运用于动物疫情防疫上的研究并不多见。

不管采用哪种分析方法，卫生经济学所提供的这些科学模型为宏观公共卫生政策提供了重要的参考，政府是增加公共卫生预防的投入，从制度上建立防火墙，做到防微杜渐；还是在医学研究中追加更多的科研经费，从科技上进行技术突破，进行过程管理，可以通过以上分析方法来进行测算，从而最大限度地降低成本，达到事前所设定的管理目标。

在对动物疫病疫情的防控政策制定上，动物卫生经济学同样提供了重要的参考。由于任何旨在改善和保护动物健康的建议、计划需要资金支持时都必须提供合理的经济学评估，动物卫生经济学也因此产生并迅速发展起来。动物疫病主要通过以下几种方式对经营者的收益产生影响：一是导致牲畜生长发育周期延长、产量与质量下降甚至死亡；二是经营者为预防降低发病率，对牲畜进行防疫，增加成本投入，使实际收益低于预期收益；三是重大疫病暴发，国家执行相关防控政策（扑杀、禁止交易）等也会造成经营者收益降低。欧美学者运用动物卫生经济学在动物疫病的损失评估和防控策略优化等方面进行了一系列的研究，Dijkhuizen（1991）采用统计学和经济学的研究方法计算出荷兰每头奶牛与疫病相关的成本和费用约为 400 荷兰盾，占一般奶牛场总产值的 10% 和利润的 40%～50%；Berentsen 等（1992）运用动态模拟的方式对口蹄疫防控策略进行成本收益的相关分析。

动物卫生经济学把经济学所用的科学模型与兽医流行病学的方法结合起来研究，其主要目的在于能够通过科学的分析方式，为政府实施疫病免疫计划、疫情扑杀政策以及为畜禽饲养者获得有偿兽医服务提供决策依据。从而进一步提高对疫情信息的管理水平，在此基础上建立健全动物疫情的预警机制、处理机制等一系列防控政策。

3.4 分析框架与研究假说

3.4.1 分析框架

根据以上的公共管理理论可知，对突发性公共卫生事件管理的目的是最大限度地减少农户的损失，从而实现社会整体协调发展。而突发性动物疫情事件的处理是一个动态复杂的过程，应急效果的好坏是应急参与者在各个层面共同行动的效果。因此，本书从突发性公共卫生事件发生这一背景出发，分析重大动物疫情应急中政府主体部分、农户客体部分分别对政府整体应急绩效的影响，本书的总体理论框架如图3.4所示。

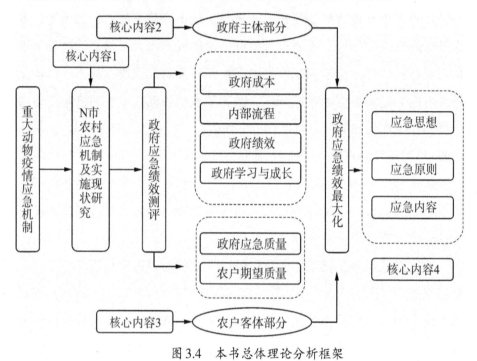

图3.4　本书总体理论分析框架

从图3.4可知，本书将从四个主题方面进行研究，以政府应急管理绩效最大化为核心，最终解决四个核心问题。

主题1：N市农村重大动物疫情应急机制研究。首先，通过统计描述的方式对我国农村动物疫情事件应急机制的相关规定进行介绍。其次，在此基础上以N市禽流感这一重大动物疫情事件为例对N市农村公共卫生事件中各种规定的实施情况进行描述。最后，在以上分析的基础上对N市应急机制的现实状况进行评价，对应图3.4中的核心内容1。

主题2：应急管理政府主体部门绩效测评对政府整体绩效的影响。

首先深入分析影响政府主体绩效测评的因素。该问题的研究主要借助于应急服务和企业绩效测评常用的平衡计分卡方法，从政府成本、内部流程、成长（指政府应急能力的提高）、政府绩效等方面，对政府自身应急绩效进行测评，对应图3.4中的核心内容2。

主题3：应急管理农户客体绩效测评对政府整体绩效的影响，即政府部门应对重大动物疫情对农户最终感知度的影响。该问题包含两个层面，即政府实际应急质量层面和农户期望质量层面，反映了政府应急管理农户客体方面的绩效情况，对应图3.4中的核心问题3。

主题4：N市农村重大动物疫情应急机制优化。在主题2政府主体绩效测评和主题3农户客体绩效测评的研究基础上，进一步对N市农村重大动物疫情应急思路、原则以及关键内容方面进行优化，对应图3.4中的核心问题4。

综上，本书框架主要以政府应急绩效测评为核心，围绕以上四个主题框架展开分析。

3.4.2 不同应对阶段对应急质量影响的理论机制与研究假说

Fleming（2008）对英国近40年禽流感暴发事件的研究发现，政府采取适时强制防疫措施时，对防控禽流感降低动物疫情卫生事件损害具有显著成效。陈志杰（2011）认为，现在加强农村的应急管理，提高农村预防和应对社会应急事件的管理能力，是维护好社会稳定以及人民群众根本利益的必然要求，对应急事件能否做到早发现、早报告、早控制，是政府是否采取行动、消除险情的关键。与此相似，刘德海等（2014）的研究发现，通过建立健全社会预警体系，实时监控分析社会舆情动态，可以尽可能地减少突发事件带来的经济损失。

祝江斌（2008）研究得出，在突发事件应对过程中，主管部门需做好应急对策、提高受灾对象承受能力，同时还需预防应急对策出现失误，这样才能降低受灾对象本身的脆弱性，从而提高服务质量。与此相似的是，王正绪（2011）在对亚太六国国民对政府绩效满意度的研究中发现，国民对政府绩效的评价与国民对他们所接受的不同阶段公共服务的满意度呈正向关系。除此之外，李燕凌等（2015）指出，在生猪疫病暴发时应采取强制免疫与封锁扑杀相结合的防控措施。

王志等（2010）针对农村突发公共事件应急管理的问题进行研究，指出目前农村应急管理能力存在不足，在灾后补救环节只有20.4%的农户感到满意。王晖等（2011）通过对转型期突发性事件的研究得出，目前县级政府应急预警能力缺失、快速响应能力薄弱、现场控制能力缺失、善后处置能力滞后这四方面的不足是影响政府绩效评价的关键因素。与此相似，尉建文等（2015）的研究发现地方政府治理的有效性降低、执行的公平性降低，影响群众对中央政府在灾后重建过程中有效治理能力的判断，从而也降低了群众对中央政府的满意度。郭春侠等（2016）的研究发现，突发事件发生后，决策响应时间的长短直接决定着灾害后果所带来的严重程度且成正比例的关系，因此决策者需要在最短的时间内做出最有效的应对措施。基于上述分析，提出核心内容3的第一个研究假说。

H_1：事前预防、事中应对、事后补救会对应急质量存在正向影响。

3.4.3 服务质量、期望质量与农户感知度关系的研究假说

张屹立等（2010）研究得出，强化县级政府能力能有效地预防、处理危机，将危机造成的损失降到最低限度，达到防灾、减灾的效果。已有文献如 Oliver（1988）指出，满意度或者欣喜感可以用"期望差距"表示，即顾客感知到的质量与实际的期望质量之间产生的一种差异，当顾客实际感知到的服务质量低于其期望时，他们往往会失望，反之则会有欣喜感。也有学者如 Fornell 等（1996）和 Bigne（2008）将期望对最终的感知满意度之间的影响分两种不同的路径考虑，一种是顾客期望——

感知质量—顾客满意；另一种是顾客期望—顾客满意，且无论是哪一种顾客的期望，对满意度都会存在着正向影响。王桂芝（2011）等以公众对气象服务的满意度进行调研，结果表明期望使公众对气象服务的满意度产生直接的负向影响。与此相似，徐娴英等（2011）通过对期望与感知服务质量、顾客满意的关系研究发现，不同属性期望对感知服务质量和顾客满意产生不同的影响。

因此，Mittal（1998）认为，在服务水平变动的情况下，顾客具有较高期望，所引起的满意度变动的幅度比期望低的顾客变动幅度要大。同时，Chadee 和 Mattsson（2006）的研究还发现，顾客感知到的服务越好，则顾客对服务的满意度就越高，所以，多数学者将服务质量等同于顾客满意度。除此之外，也有 Oliver 等（1988）学者从归因、期望、期望不一致、感知业绩和公平这五种模式入手，以模拟的股票交易为研究背景，通过研究得出，期望不一致在满意形成过程中起着主导作用。Kelley 等（1994）对影响服务补救期望的前置因素做了深入的研究分析，研究结果表明，事前补救期望与顾客对服务补救的满意度存在正向影响关系。查金祥等（2006）通过研究得出，期望对顾客满意度存在显著负向影响。张欢等（2008）研究发现，导致灾区群众对政府灾后工作满意度下降的原因主要是抱有不恰当的"期望"。基于上述分析，提出核心内容3的第二个研究假说：

H_2：政府应急质量对农户感知度存在正向影响；期望质量对感知度存在负向影响；期望质量对应急质量存在正向影响；应急质量对期望质量存在正向影响。

3.4.4 不同阶段农户期望质量与应急期望关系的研究假说

已有文献如寿志钢等（2011）已证实累积顾客满意是顾客各期感知的叠加，会涉及不同时段的顾客期望，因此，在实际研究中需充分考虑期望的动态性是进行有效测量的关键。与此相似，在对交通运输的研究方面，程龙生等（2012）以长途客运为背景，对顾客感知指数的调研结果显示，顾客感知指数对顾客预期的感知质量和顾客感知的总体质量的影响都显示为正向影响。此外，通常情况下对事件的最终期望质量会受不同阶段期望的影响，且呈正向的影响关系。基于上述分析，提出核心内容 3 的第三个研究假说：

H_3：事前预防措施、事中应对能力、事后重建能力的期望对期望质量存在正向影响。

3.4.5 养殖户个体特征与农户感知之间的关系假说

通常情况下女性养殖户对事件处理的要求较高，且年龄越大对事件处理的完美度要求越高；养殖户受教育程度越高，对事物的见解越高，对应急事件的处理要求也越高；养殖收入是养殖户的最终目标，收入越高说明养殖户投入的精力越集中，对养殖的重视度越高，进一步对动物疫情应急管理的要求也会越高。因此，本书认为在农户对动物疫情应急管理感知度的高低上，其自身的个体特征可能会对感知度存在影响。基于以上分析，提出核心内容 3 的第四个假说：

H_4：养殖户性别、年龄、受教育程度以及收入情况对农户的感知度存在影响。

第4章 公共危机应急能力 及其法制体系建设

动物疫情公共危机严重威胁着人类的生产活动以及生命安全。它们在给养殖户带来巨大经济损失的同时，还造成了一定程度上的社会混乱。此外，动物疫情的发生可能给人类的生命带来威胁。因此，较系统的公共危机应急能力建设以及完善的法制体系建设在应急管理过程中显得尤为重要。因此，本章主要对我国公共危机应急能力的基础设施和相关法制体系建设的情况进行研究分析。

本章的结构主要分为三大部分：第一部分对目前我国公共危机应急能力建设基础进行介绍，这一部分主要对应急的法制体系、管理体制、科技研发支持、条件保障和应急响应实施等五方面进行介绍。第二部分主要从公共卫生法制体系建设概况，以及我国动物疫情公共危机应急管理法规建设情况，对公共危机应急法制体系建设做出论述。第三部分主要对其他国家动物疫情防疫法律体系建设进行论述，为最终制定政策建议作铺垫。

4.1 应急能力基础

4.1.1 法制体系建设情况

继非典、高致病性禽流感等一系列疫情的暴发，国家加快了对相关突发公共卫生事件的立法。2003年，国务院公布《突发公共卫生事件应急条例》标志着我国突发公共卫生事件应急管理工作有了法律依据和保障。同年，温家宝总理在"全国非典防治工作会议"上指出争取用三年左右时间，建立健全突发公共卫生事件应急机制、疾病预防控制体系和卫生执法监督体系。2005—2007年，一系列法律法规相继出台。

目前，我国应急管理法律体系已基本形成。现有应对突发公共事件的法律35件、行政法规37件、部门规章55件，有关法规性文件111件。这些法律、法规、规章和法规性文件内容涉及面较广，既有综合管理和指导性规定，又有针对地方政府的硬性要求。同时，对动物疫情公共危机的防控管理被纳入应急管理范畴。完善公共危机应急管理，实现其应急管理的制度化和法治化，是保障公众生命安全、维护社会稳定的现实需求。

为了加强对动物防疫活动的管理，预防、控制和扑灭动物疫病，促进养殖业的健康发展，保护人体健康，维护公共卫生安全，1998年初，《中华人民共和国动物防疫法》（以下简称《动物防疫法》）的实施标志着我国的动物疫情防疫工作步入了法治化轨道。但随着全球动物疫情公共危机的频繁发生，我国动物防疫也有一系列新问题出现。为进一步明确各级政府及有关部门在重大动物疫情应急工作中的职责，还需建立起信息通畅、反应快捷、指挥有力、控制有效的重大动物疫情快速反应机制。2007年，为适应新形势下动物疫病防控的需要，我国对《动物防疫法》进行了修订。其中第三章对动物疫情的报告、通报和公布，及第四章对动物疫病的控制和扑灭都做了原则性的规定，提高了动物防疫工作的地位，增加了动物疫情预测、预警机制。

以《动物防疫法》《重大动物疫情应急条例》《国家突发重大动物疫情应急预案》为核心的我国动物疫情公共危机应急管理法制体系基本形成。该体系明确了我国动物疫情应急管理工作的原则和指导思想，以及各危机事件在事前、事中、事后的预警、处置、善后等工作规定；对组织建设、条件保障、社会参与等一系列问题做出了具体规定，这在一定程度上标志着我国动物疫情防控的法制建设基本完善。

4.1.2 管理体制建设情况

《国家突发重大动物疫情应急预案》对重大动物疫情应急组织体系及职责进行了具体的规定。我国重大动物疫情应急组织体系由应急指挥机构、日常管理机构、专家委员会和应急处理机构组成。应急指挥机构由农业农村部在国务院统一领导下组建，能够确保对特别重大动物疫情应急处理的统一领导、统一指挥，及时有效地做出重大决策。县级以上地方人民政府兽医行政管理部门在本级人民政府统一领导下，负责对本行政区域内突发重大动物疫情应急处理的指挥，协调本行政区域内突发重大动物疫情应急处理工作，做出处理本行政区域内应对动物疫情的决策以及所采取的措施。日常管理机构由农业农村部、省级、市（地）级人民政府兽医行政管理部门组成。专家委员会由农业农村部和省级人民政府兽医行政管理部门组建，市（地）级和县级人民政府兽医行政管理部门根据需要进行组建。应急处理机构主要分为动物防疫监督部门和出入境检验检疫部门，这两部门主要负责重大动物疫情报告、现场流行病学调查，开展现场临床诊断和实验室检测，加强疫病监测，对封锁、隔离、紧急免疫、扑杀、无害化处理、消毒等措施的实施进行指导、落实和监督，以及加强对出入境动物及动物产品的检验检疫、疫情报告、消毒处理、流行病学调查和宣传教育等。

重大动物疫情应急管理重在监测和预警两阶段，在1997年《动物防疫法》通过后，农业部于1999年又制定了《动物疫情报告管理办法》，该办法于10月19日起实施。根据其四级疫情报告系统以及动物疫情报告快报、月报和年报制度，农业农村部创办并出版了每月一期的《兽医公报》。《兽医公报》每月向全社会和有关国际组织通报我国动物疫情基本信息，我国动物疾病防治情况、动物卫生检测报告以及全国人民代表大会和国务院通过的有关兽医和动物卫生方面的法律、法规；国务院农业行政主管部门发布的有关兽医和动物卫生方面的规章和文件等。2006—2007年，我国共派出162个督查组和专家组，指导各地防控工作，核查群众疫情举报和新闻媒体反映的情况115起。2008年，农业部为进一步健全疫情监测体系，构建了中国动物疫情监测和报告体系。这一监测和报告体系的建立有力地防范了动物疫情的大规模暴发，使各级政府把重大动物疫情应急管理的工作前移，着重做好危机的监测与预警。

迄今为止，从中央到县的四级动物疫病预防控制机构已经形成体系（中国动物疫病预防控制中心1个，省级动物疫病预防控制中心31个，地市级动物疫病预防控制中心333个，县级动物疫病预防控制中心2862个），为动物疫情的监测、预警、预报、诊断和流行病学调查提供了组织保障，同时也为动物疫情公共危机的处理提供技术指导和技术支持。现在，全国已建成300个疫情测报站、150个边境动物疫病监测站，与各基层畜牧兽医站一起，构成了相对完整的疫病监测体系，动物疫病的疫情监测、预防免疫、检疫、封锁、隔离、扑杀和消毒等技术措施逐步走向制度化与法治化。

在动物疫情应急管理队伍建设上，我国依托动物疫病预防控制中心已形成了疫情监测、动物疫情处置的专业机构和队伍。从近年来的动物疫情监测和管理来看，我国重大动物疫情应急管理队伍的特点是"群防""群控"，其中"群防"主要指在专业队伍的科学指导下，对引致公共卫生危机的各种类疫情进行测、报、防，专业监测站点与群众监测有机结合、属地管理，从而实现动物疫情的全方位监控。"群控"主要指某一地区发生动物疫情危机，政府各部门、社会组织、民众就会立即被动员起来，在短期内迅速组织扑杀和无害化处理，效果确实十分显著。

4.1.3 科技研发支持情况

动物疫情公共危机的防疫和控制对养殖业的健康发展极为重要，同时对人类自身健康也具有重大的意义。根据动物传染病控制的原理，在疫情防控阶段采取的措施主要有：切断传播途径、控制消灭病源以及保护易感染群体，实行措施的方式主要通过疫苗的使用来实现预防和控制动物传染病。

迄今为止，对几乎所有的传染性动物疫病人们都通过疫苗加以防治，在疫苗的研制上由病毒和细菌疫苗发展到了寄生虫疫苗，即由预防性疫苗发展到治疗性疫苗。同时，我国依靠科技力量在一些动物的疫病防治上已经取得了卓越的成果，如利用传统疫苗产品，结合其他综合防治措施，消灭了牛瘟和牛肺瘟。发达国家的实践也证明，技术支持是有效预防、控制乃至最终消灭动物重大传染病的核心因素。

在经历2003年非典和2004年禽流感后，2004年中国畜牧兽医学会的学术年会上，中国工程院院士、华中农业大学副校长陈焕春提出"围绕国家需求和科学前沿，立足当前，兼顾中长，突出重点，解决急需，注重应用，服务一线"的指导方针，以全面提升我国动物重大传染病的防治水平和科技实力为总体目标，建设我国动物重大传染病科学研究体系与技术平台，为重大动物传染病的研究、控制和消灭提供科学依据、新技术、新方法、人才队伍、基地和技术平台保障。

随着我国畜牧业生产的高速发展，对畜禽疫病的研究也得到了卓有成效的进展。目前我国基本建成了口蹄疫、猪瘟、禽流感、新城疫等国家级参考实验室及国家级疫病诊断实验室、外来病跟踪检测实验室、国家动物流行病学研究中心。此外，中国农业大学、南京农业大学、华南农业大学、扬州大学和昆明分别建立了农业农村部动物疫病重点开放实验室，为动物疫情防控提供科技支撑（如表4-1所示）。

表4-1 主要动物疫病研究实验室

平台	实验室名称	依托单位
国家重点实验室	兽医生物技术国家重点实验室	哈尔滨兽医所
	家畜疫病病原生物学国家重点实验室	兰州兽医所
	病原微生物生物安全国家重点实验室	
农业农村部重点实验室	农业农村部畜禽遗传资源与利用重点开放实验室	畜牧兽医所
	农业农村部草食动物疫病重点开放实验室	兰州兽医所
	农业农村部动物流感重点开放实验室	哈尔滨兽医所
	农业农村部动物寄生虫学重点开放实验室	上海兽医所
	农业农村部兽医公共卫生重点开放实验室	哈尔滨兽医所、兰州兽医所
中国农业科学院重点开放实验室	动物流感重点开放实验室	哈尔滨兽医所
	人畜共患病重点开放实验室	哈尔滨兽医所、兰州兽医所
	家畜疫病病原生物学重点开放实验室	兰州兽医所
	草食动物疫病重点开放实验室	兰州兽医所
	新兽药工程重点开放实验室	兰州牧药所
	动物寄生虫学重点开放实验室	上海兽医所
国家兽医参考实验室	国家禽流感参考实验室	哈尔滨兽医所
	国家新城疫参考实验室	农业农村部动物检疫所
	国家猪瘟参考实验室	农业农村部动物检疫所
	国家口蹄疫参考实验室	兰州兽医所
	国家牛海绵状脑病参考实验室	农业农村部动物检疫所
	国家牛瘟参考实验室	中国兽医药品监察所
	国家牛传染性胸膜肺炎参考实验室	哈尔滨兽医所
	国家外来动物疫病诊断实验室	农业农村部热带亚热带动物病毒学重点开放实验室
	国家牛海绵状脑病检测实验室	中国农业大学

注：表引用自王薇博士论文《动物疫情公共危机政府防控能力建设研究》。

4.1.4　条件保障建设情况

动物疫病的暴发具有突发性、紧急性、不确定性、复杂性、传染性、持续性和衍生性等一系列特征。为了防止疫病大面积的传染，相关部门必须在疫情暴发时采取有效的控制和防疫措施。在应对疫情的一系列过程中，无论是对染病动物体的治疗，还是对易感染群体的防疫以及对传染源的隔离，都需要大量的应急物资作为保障。因此，依据《重大动物疫情应急条例》，各级政府加大了在疫苗、药品、设施设备和防护用品方面的投入和准备，以期在动物疫病预警机制的基础上，结合动物疫病的流行特点及不可预见性，建立具体疫情的应对措施，从而实现把损失控制在最低程度的应急管理目标。

为保证灾情、疫情及突发事故发生后对药品和医疗器械的紧急需求，我国于20世纪70年代初建立了统一政策、统一规划、统一组织实施的国家医药储备制度。在1997年国务院发布的《国务院关于改革和加强医药储备管理工作的通知》中提到，多年来国家医药储备在满足灾情、疫情及突发事故对药品和医疗器械的紧急需要方面，发挥了重要作用。但是，由于国家医药储备采取中央一级储备、静态管理的体制和管理工作不完善等原因，国家医药储备数量减少、救急水平下降，已很难适应保证灾情、疫情及突发事故等紧急需要。因此，为提高国家医药储备能力和管理工作水平，保证灾情、疫情及突发事故发生后所需药品和医疗器械的及时、有效供应，通知对医药储备管理工作的有关问题进行了改革。首先是建立中央与地方两级医药储备制度，实行动态储备、有偿调用的体制，负责不同级别的灾情、疫情和突发事件。其次是落实储备资金，确保储备资金的安全和保值，根据当时的实际情况，全国医药储备资金规模暂定为12亿元。其中，中央资金规模为5.5亿元，地方资金规模为6.5亿元，并同时对各地区医药储备资金规模做出了建议性规定。最后则是强调了医药储备管理，确保及时有效供应。医药储备实行品种控制、总量平衡、动态管理。在确保储备品种和数量的前提下，及时对储备药品和医疗器械进行轮换。

2004 年，我国组织编制了《国家医药储备应急预案》《国家物资储备应急预案》，对医药及相关物资的储备管理、应急调运、后期调拨及跟踪服务进行了原则性规定，为重大动物疫情物资储备的基本制度和运行机制奠定了基础。在此基础上，各省制定相应的医药储备应急预案，根据各自情况建立相应的医药储备制度，成立应对突发公共事件医药储备应急处理指挥机构，配合国家医药用品储备应急处理指挥小组完成对本行政区域的突发公共事件医药储备的统一调运和供应，并在紧急状况时对本地区医药用品的应急生产进行供应调度。

2008 年以后，部分省市为进一步规范重大动物疫病应急物资管理，合理确定物资储备的种类、方式和数量，整合应急物资储备资源，不断提高应急物资的统一调配能力，保证重大动物疫情应急处置需要，根据全国及各地突发重大动物疫情应急预案的总体要求，编制了本级行政区的防控重大动物疫病应急物资储备管理办法、应急物资储备指导标准、应急物资储备库建设指导标准等规范性文件。这些规范性文件详细规定了省、市、县级政府在重大动物疫情应急管理中的物资储备种类和数量，以及储备物资的采购、储存、调用、补充、调整和更新等一系列管理环节。

在这一系列制度的规定下，我国重大动物疫情物资储备保障制度基本确立。目前所实施的物资储备保障制度有以下几个特征：首先，具有清晰的物资种类和明确的物资标准。其次，管理部门分工和责任清晰。一般而言，各级政府的动物疫病预防控制机构是本级重大动物疫情应急物资储备责任单位，具体负责应急储备物资的采购、储存和日常保养维护。畜牧兽医管理部门应根据重大动物疫情应急物资储备调用、耗损状况及动物防疫工作实际需要，及时编制应急物资储备、调整、补充、更新及维护保养计划，并协调同级财政部门落实经费预算，保证应急物资足量储备、满足疫情应急处置工作需要。最后为储备方式分类，科学合理。对于重大动物疫情应急物资的储备一般都采取有实物储备的方式，对用于消毒、采样监测等常规型，适用范围广的物资以及扑杀、封锁、照明和后勤保障等耐用型、可长期保存的物资都采用实物储备。由于动物疫病种类繁多，列入国家 H 级以上的动物疫病达 157 种，其中危害严重的二级以上的动物疫病有 94 种，不同病种的处置方法和所使用的物资（生物制品）也不同，因此动物疫病防控中更重要的是疫苗等生物制品的储备，一般对生物制品采用的是市场储备或协议储备（合同储备）。这也称为生产能力储备，可按储备物资金额的一定比例（如 2%～5%）向协议储备单位支付管理费用，由生产单位按照一定的数量储备物资并进行管理和更新。

4.1.5　应急响应实施情况

动物疫情公共危机具有致病性强、治愈性难、流行性大、易感性烈、人畜共患性强等特点，如不能及时控制往往会有大流行趋势，不但给畜牧业造成严重损害，而且也给消费者的健康带来严重损害，还可能引发大规模的公共卫生危机，造成社会动荡。在短时间、小范围内控制或扑灭动物疫情，主管部门需要做好应急预案，有强大的响应机制。从各国实施控制和扑灭动物疫病的措施来看，强制免疫、扑杀和进行无害化处理是常用的有效手段。主管部门通过对畜牧业生产经营者的经济补偿来鼓励养殖户在防疫期间积极配合落实防控措施，同时尽快恢复疫后畜牧产业的复兴和发展。

我国动物疫病的防控政策更多的是采取自上而下的行政形式，其中强制免疫接种是防控动物疫病的一项重要措施。通过强制免疫，我国应急性型发病直接死亡的病例逐年减少。我国的强制免疫政策在《动物防疫法》中有专款规定，对一类动物疫病必须实行强制免疫。这一政策由县级以上人民政府的兽医主管部门组织实施，而作为实施主体的饲养动物的单位和个人有履行动物疫病强制免疫的义务。当动物所有人不履行法定的免疫接种义务时，由动物卫生监督机构责令改正，给予警告，拒不改正的，则由动物卫生监督机构代作处理，处理费用由违法行为人承担，处1000元以下罚款。为使该政策受到实施主体的认同和配合，我国对强制免疫的费用和保障措施也进行了规定。

由于有法律的强制和财政的补贴，我国的强制免疫政策得到了比较好的执行。2009年，我国的强制免疫病种达到四种，分别是牲畜口蹄疫、高致病性禽流感、高致病性猪蓝耳病和猪瘟。国家采用集中免疫和程序免疫相结合的方式，基本达到了强制免疫的总体要求：群体免疫密度常年维持在90%以上，其中应免畜禽免疫密度达到100%，免疫抗体合格率全面维持在70%以上。据了解，2009年，中央财政落实强制免疫经费达23.78亿元，到2010年则上升到28.88亿元。强制免疫制度体现了国家对畜牧业的支持与扶持，受到了养殖户的普遍欢迎。然而，近几年动物疫病十分复杂，养殖风险越来越大，广大养殖户迫切希望对猪链球菌病、猪乙脑、鸡新城疫、鸭病毒性肝炎等常见多发动物疫病也实行强制免疫。

与强制免疫同样重要的另一措施是扑杀。相对于强制免疫的社会资源高消耗和可能发生的病毒变异风险，扑杀是防控重大动物疫病有效的措施。对被扑杀动物进行合理补偿是落实这一措施的重中之重，是该措施得以落实的关键。2005年，中国共发生32起高致病性禽流感疫情，禽死亡15.46万只，扑杀2257.12万只。中国各级政府按照规定的标准，对所有扑杀家禽给予了及时足额的财政补贴，当年补偿达2亿多元。依据2008年1月1日起施行的修订后的《动物防疫法》，对在动物疫病预防、控制和扑杀过程中强制扑杀的动物、销毁的动物产品和相关物品,县级以上人民政府应给予补偿,具体补偿标准和办法由财政部会同有关部门制定。按照国际惯例,发达国家与一些发展中国家均建立了政府补偿制度,并用相关法律条文加以确定:一旦发生疫情,强制扑杀发病动物和同群动物,迅速扑灭疫情,补偿条款自动生效,补偿经费立即到位。我国对高致病性禽流感、口蹄疫、高致病性猪蓝耳病等实施重大动物疫病强制扑杀经费补贴。

4.2 公共危机应急法制体系建设

4.2.1 公共卫生法制体系建设概况

《国家中长期动物疫病防治规划(2012—2020年)》中5次提到了法律法规体系建设的问题,把法制保障放在了四个保障措施(还包括体制保障、科技保障、条件保障)之首,我国重大动物疫情法制体系也是指导我国动物疫情公共危机防控的基础。规范制度主义认为,人们的行为不是以理性人的计算回报为基础,而是以确认什么是恰当的行为为基础,社会中的法规制度通过各种行为规范来驱使塑造人类的"价值、规范、利益、认同和看法"从而来影响行为者的行为,促使社会生活的有序化。

因此,面对无规律的突发动物疫情,人类要形成一致的集体行动,形成有效的防控行为需要明确而可操作的行为规范—法律制度的指导和约束。因此重大动物疫情公共危机防控能力建设的基础条件之一就是法制体系建设。

我国目前的法制体系,从立法的管辖范围及适用性来看,有关动物疫情的法律法规可以归为三类。第一类是动物防疫的基本法，包括《中华人民共和国畜牧法》《动物防疫法》《中华人民共和国进出境动植物检疫法》等一系列规范畜牧业生产经营行为，保障禽畜产品质量安全、促进养殖业健康发展、确保人类身体健康，维护公共卫生安全的基本法律规范。第二类是重大动物疫情应急法规，包括《突发公共卫生事件应急条例》《重大动物疫情应急条例》《国家突发重大动物疫情应急预案》这些应急管理的总体性预案，以及《全国高致病性禽流感应急预案》《农业部门人感染猪流感应急预案》等一系列针对某一特别动物疫情的单项应急管理预案。第三类是动物疫病防控技术规范和工作程序，包括《猪链球菌病应急防治技术规范》《高致病性猪蓝耳病应急工作程序》《高致病性禽流感疫情处置技术规范》等一系列具体的技术性规范和操作程序。

从立法的内容来看，动物疫情公共危机的防控对科技支撑的需求在不断加大。《突发公共卫生事件应急条例》《重大动物疫情应急条例》《国家突发重大动物疫情应急预案》等相关的应急法规和预案为动物疫情公共危机防控奠定了制度基础，规范了组织力量，同时也赋予了权力和资源保障。但是人们发现，动物疫情公共危机的防控在很大程度上是防范重于控制，依靠科技力量对疫病加以认识与预防是控制此类卫生突发事件的关键环节。因此，有关动物疫情公共危机的立法越来越多地倾向于对科技力量的强化和规范。除了对部分已知流行疫病设立专门的应急预案外，更多的是结合科技发展，规范动物医学的发展，使之更好地服务于人类社会。2004 年我国通过了《病原微生物实验室生物安全管理条例》，2005 年农业部发布了《高致病性动物病原微生物实验室生物安全管理审批办法》，2006 年农业部发布《畜禽遗传资源保种场保护区和基因库管理办法》。另外，国务院及农业部相继发布了《兽药管理条例》《食品动物禁用的兽药及其他化合物清单》《动物病原微生物分类名录》

等一系列政策法规，对人类行为进行具体规范，指导科技成果在实践中的合理推广和运用，以降低动物卫生类的突发事件和公共危机。同时，一系列操作规范的相继出台，使得对动物疫情公共危机的防控更加具有操作性和实践性，有效地促进了我国的动物安全和人类健康，维护了我国社会发展的稳定。

4.2.2 我国动物疫情公共危机应急管理法规建设情况

2006年6月，国务院下发《国务院关于全面加强应急管理工作的意见》，明确了我国突发公共卫生事件应急管理的指导思想、工作目标、工作任务，要求以落实和完善应急预案为基础，以提高预防和处置突发公共事件能力为重点，全面加强应急管理工作。我国应急管理领域的基本法是2007年11月1日起正式实行的《中华人民共和国突发事件应对法》（以下简称《突发事件应对法》）。该法的颁布和实施成为应急管理法治化的标志，包括应急预案、应急管理体制、应急管理机制和应急管理法制在内的"一案三制"的管理体系逐步形成。

目前，我国应急管理法律体系基本形成。现有突发公共事件应对的法律35件、行政法规和部门规章55件，有关法规性文件111件。不可否认，这些应急管理的法律、法规、规章和法规性文件内容涵盖全面，既有综合管理和指导性规定，又有针对地方政府的硬性要求和具体实施方案。与此同时，动物疫情公共危机的防控、治理被纳入应急管理范畴，完善动物疫情公共危机应急管理，实现对动物疫情公共危机应急管理的制度化和法治化管理，是维护畜牧业健康稳定发展，保障公众生命安全、维护社会稳定的现实需求。

在我国的《突发事件应对法》中，将突然发生，造成或者可能造成严重社会危害，需要采取应急处置措施予以应对的突发事件分为四大类：自然灾害、事故灾难、公共卫生事件和社会安全事件。《突发公共卫生事件应急条例》中将造成或可能造成社会公众健康严重损害的重大传染病疫情列为公共卫生事件之首。同时，条例的颁布也意味着我国突发公共卫生事件应急管理工作有了法律依据和保障。2006年，依据《中华人民共和国传染病防治法》《中华人民共和国食品卫生法》《突发公共卫生事件应急条例》和《国家突发公共事件总体应急预案》等7部相关法律法规，我国制定了《国家突发公共卫生事件总体应急预案》。

而在此之前，为加强对动物防疫活动的管理，预防、控制和扑灭动物疫病，促进养殖业发展，保护人体健康，维护公共卫生安全，1997年，我国首先制定了《中华人民共和国动物防疫法》，为进一步明确各级政府及有关部门在重大动物疫情应急工作中的职责，建立起信息通畅、反应快捷、指挥有力、控制有效的重大动物疫情快速反应机制。国务院在该法和《突发公共卫生事件应急条例》的基础上，于2005年制定了《重大动物疫情应急条例》，并于2006年发布了《国家突发重大动物疫情应急预案》，确立建立全国突发重大动物疫情监测、报告网络体系，开展日常监测工作。有了这三部法规，我国的重大动物疫情公共危机应急法制体系建设完成了重大的一步。三部法规明确了我国重大动物疫情应急管理工作的原则和指导思想，及事前、事中、事后的预警、处置、善后等工作规定，并对组织建设、条件保障、社会参与等一系列问题做出了具体规定，标志着我国重大动物疫情防控的法制建设基本完善，我国的动物疫情公共危机应急管理工作步入了法治化轨道。

实际上，动物疫情公共危机的防控工作早已经走在了立法之前，为加强动物疫情管理，科学有效地预防、控制和扑灭动物疫病，1999年，农业部制定了《动物疫情报告管理办法》，确立了县、地、省动物防疫监督机构、全国畜牧兽医总站建立四级疫情报告系统，并开始执行动物疫情报告快报、月报和年报制度。

在重大动物疫情应急条例颁布前后，应对不同的动物疫情，国家相继制定了相关法律法规，对各级人民政府及兽医行政管理部门工作职责、法律责任等进行了具体的规定。

首先，确立了应急反应组织机构，明确了各级政府在重大动物疫情应急处理中的地位和职能。《国家突发重大动物疫情应急预案》规定，农业农村部在国务院统一领导下，负责组织、协调全国突发动物疫情公共危机应急处理工作。县级以上地方人民政府兽医行政管理部门在本级人民政府统一领导下，负责组织、协调本行政区域内突发动物疫情公共危机应急处理工作。依据国家应急预案的基本要求，省、市、县级政府依据国家预案制定本级人民政府的动物疫情应急预案。法制体系的建立为动物疫情突发事件应急管理的组织体制、监测预警、应急响应、善后处理、条件保障等各项内容提供了行动指南。

其次，规范了疫情应急管理各个环节，对动物疫情的应急准备、疫病监测预警、应急处置、财政保障机制、法律责任都有了相应的规定。修改后的《动物防疫法》和《重大动物疫情应急条例》对动物疫情应急管理的全过程有了较为完整和明确的规定。其中应急条例对各个应急管理环节中政府组织的职能、物资的准备和提供、具体的操作处理措施、经费的保障，以及可能承担的法律责任都有专项条文进行规定，对其他专业救援队伍、社会组织和个人在应急管理中所需要承担的责任和义务也做了原则性规定。这些法律及其修改和实施对动物的防疫、疫病的预防、控制和扑灭动物疫病，对促进养殖业的发展、保护人民身体健康、维护社会公共卫生安全必将发挥更大的作用。

最后，对疫情的防范和控制强调加强与国际接轨。重大动物疫情公共危机的发生及其对社会政治经济的影响已经超越了国家界限，成为世界共同面对的问题，必须加强国家之间的合作。2007年，我国正式以主权国的身份加入了世界动物卫生组织，我国的动物卫生工作正式融入世界动物卫生体系，逐步建立了既与国际规则接轨，又适应国内实际的相关的法律法规体系。我国在2007年对《动物防疫法》进行了修订，其中明确了积极开展动物疫病区域化管理和动物标志及可追溯体系建设等有关国际规则的实践。《重大动物疫情应急条例》的第五条和第六条也分别对动物出入境检疫以及动物疫情监测、预防和应急处理等有关技术的国际合作做了规定："出入境检验检疫机关应当及时收集境外重大动物疫情信息，加强进出境动物及其产品的检验检疫工作，防止动物疫病传入和传出。兽医主管部门要及时向出入境检验检疫机关通报国内重大动物疫情，国家鼓励、支持开展重大动物疫情监测、预防、应急处理等有关技术的科学研究和国际交流与合作。"

4.3 国外动物疫情应急管理机制

4.3.1 美国疫情应急管理机制

美国自受炭疽袭击事件以来，逐步将重大动物疫病列入国家的生物反恐工作范畴，使得禽流感、口蹄疫等40多种动物疫病得到有效控制，且建立了较为完善的法律法规体系，相关机构工作人员也都具有流行病学调查和风险评估等方面的专业技术。美国的突发性动物疫情事件应急处置组织体系以联邦、州、县（市）三级政府管理为主导，同时，将动物疫情系统与其他系统（如能源、环境等系统）相互串联。另外，突发疫情危机事件包含三级应对体系，其主体为（联邦）疾病控制与预防系统、（州）医院应急准备系统和（地方）城市医疗应对系统。其中，疾病控制与预防系统以联邦的疾病控制与预防机构为主体，美国疫病控制与预防中心（CDC）是突发性疫情危机管理的核心机构和协调中心，也是具体决策和执行机构，隶属国家卫生部。

对于一般突发事件，美国国土安全部具有主要的领导作用，负责协调联邦各机构应对突发公共事件。联邦应急管理局（FEMA）是一切应急工作的协调机构，所有的信息都汇入这一机构。无论在哪种决策模式下，以美国疾病控制和预防中心为主的三级应对体系负责应急工作的具体执行，在执行的过程中注重机构间的横向合作、纵向合作。从20世纪70年代开始，美国以《国家安全法》《全国紧急状态法》等公共危机管理核心法律体系为依据，逐步建立并不断完善国家危机应对系统，形成了包括《全国紧急状态法》《公共卫生服务突发事件反应指南》《突发事件后的公共卫生服务指南》《国家应急反应框架》《联邦反应计划》等在内的专门的联邦应急法律体系。同时，美国有一整套应对突发疫情事件的资源保障系统，包括"全国医药器械应急物品救援快速反应系统""美国公共卫生系统实验室体系""流行病学调查小组""资金支持体系""城市医学应急网络系统"以及"全国健康教育系统"等，该系统集中了美国最好的资源以应对形态各异的危机。这部分体系正是N市政府主体部门应急绩效测评时有待提升的地方。刘杰（2008）表示，美国的应急管理体系主要是集灾害管理、风险管理以及危险要素管理为一体的综合性管理体系，其最终目的是降低危险事件发生的概率，并对其发生的条件进行限制，从而减轻危险造成的影响或后果。

美国在应急管理上遵循"统一管理，属地为主，分级响应，标准运行"的管理原则。统一管理主要指在一系列重大突发事件（自然灾害、疫情事件、恐怖袭击等）发生时，一律由各级政府应急管理部门统一指挥。属地为主主要指所发生的重大突发事件都由事发地政府承担应急工作，联邦与上级政府主要负责援助和协调。分级响应主要指根据突发事件的严重程度以及社会公众对事件的关注度对事件进行响应级别确定。标准运行主要指在突发事件的应急准备到最终的应急恢复过程中，所有的应急行动都需实行标准化的管理。除此之外，美国在重大动物疫情事件的应对上主要分为减缓、准备、响应以及恢复这四个阶段。依据这四阶段，对动物疫情的应急管理大致可划分为初期的预防准备机制、中期的应急响应机制以及后期的恢复重建机制三大类，以下将对三大类机制进行具体的介绍。

预防准备机制指在突发事件发生前，应急管理机构为消除或者降低突发事件发生可能性及其带来的危害性所采取的风险管理行为规程。专门的应急管理机构和完善的应急管理体系是应急管理工作得以实现的载体。闫振宇（2012）研究表明，美国农业部下设的动植物卫生监督局（APHIS），其分管全国的动物卫生监督、紧急动物疫病防控，以及动物产品进出口检疫监督等工作。相似地，刘杰（2010）指出，APHIS内部设有突发动物疫病反应指挥部，专门负责应急响应计划的制定和执行。除此之外，同属于APHIS的突发动物疫情应急中心（CEI）专门负责对突发动物疫情的分析、响应等工作。具体的应急反应组织体系如图4.1所示。

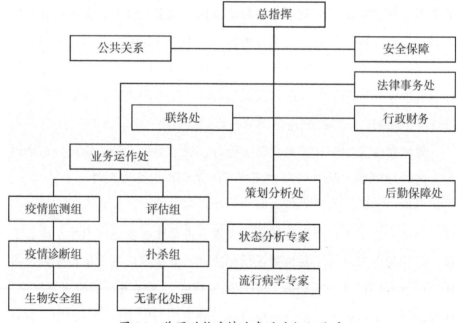

图4.1　美国动物疫情应急反应组织体系

科学应急反应计划的制定是应急管理工作得以顺利进行的前提。20世纪90年代起美国就已经对突发事件应急反应的计划进行了制定，规定了如口蹄疫、禽流感以及新城疫等多种重大动物疫病发生时的应急反应措施。疫情初期有效信息的获取对采取应急反应非常有益，美国政府非常重视对养殖者的宣传教育，从而保证能够在第一时间内获取有效的疫情信息。同时美国还向公众和养殖户发放印有动物疫病危害、动物疫病发生时临床症状以及报告热线的警示卡，力图在疫情发生时最快地了解到疫情的情况。除此之外，美国还配备着重对鸟类监测的疫情监测体系，这个体系的建设有助于政府尽早地发现疫情，并将其消灭在初始阶段。同时，闫振宇（2012）研究发现，美国农业部及每个州都拥有兽医诊断室，每年监测大量的病例从而掌握各州各种动物疫病的发生、流行和控制状况。在N市农户客体绩效测评的结论中可知政府的组织培训、疫苗的开发对农户最终的感知度存在直接的影响。因此，N市可以参照美国在疫情预防阶段的工作。

动物疫病的发生具有致病性强、治愈性难、易流行、人畜共患等特点，如不能及时地控制将会给畜牧业以及消费者的健康带来严重的损害，甚至危及人类的生命，造成社会动荡。因此，需在短时间、小范围内控制或者扑灭动物疫情的发展。美国在APHIS内专设了紧急动物疫病反应指挥部（EPS），具体负责紧急反应方案的制定和执行工作，其中动物的突发事件由国家突发动物健康管理中心（NCAHEM）负责。此外，叶尔江（2009）指出，APHIS还在美国动物卫生和流行病学中心设立了紧急疫情中心（CEI），专门负责紧急疫情的分析工作。

叶尔江（2009）研究发现，当暴发某种动物疫情，对美国的正常社会运行产生威胁时，APHIS会立即启动由计划组、行动组、联络组和财务组四个基础部门和三个官员、一个负责人组成的现场突发事件指挥系统，其中四个部门分别负责动物疫情应急管理计划的制定执行、应急过程中的联络协调以及财务等活动。在 N 市农户客体应急绩效测评中得到疫情控制措施、疫情发生时政府采取的紧急免疫措施、政府部门防疫药物的供应等机制对农户感知度存在直接的影响。因此，N 市可以参照美国在疫情预防阶段的工作。

美国突发性动物疫情应急管理恢复重建主要通过疫苗注射、扑杀补偿以及生产援助三种方式完成。其中，疫苗注射只是起到了免疫预防的作用；对染病动物的扑杀是有效控制动物疫情的关键方案，其在动物疫病的处理中是不可避免的，但是政府部门的合理补偿才能保证这一举措顺利的进行；而生产援助是恢复生产的保障。补偿和援助的不同之处在于，前者主要指采取处理措施而发生的费用，后者是指恢复生产和稳定养殖而给予养殖户的援助和补贴。

在美国，对受疫情感染动物的扑杀造成的损失，采取"防控基金＋农业保险＋市场支持"的补贴模式。闫振宇（2012）研究发现，防控基金主要由养殖者缴纳，农业保险则由联邦农业保险公司和私营保险公司共同参与开办，政府通过保费补贴、再保险以及业务费用补偿和免税的形式对私营保险公司给予一定的扶持。市场支持主要指从市场的需求来看，通过市场干预的形式（出口补贴、贸易壁垒）等保持市场畜产品稳定。在 N 市农户客体应急绩效测评中得到重大动物疫情后政府补贴，以及政府组织预防疫情复发教育等对农户感知度存在直接的影响。因此，N 市可以参照美国在疫情恢复重建阶段的工作，通过采取"防控基金＋农业保险＋市场支持"的模式来应对动物疫情后期出现的补贴和预复发情况。

4.3.2 德国疫情应急管理机制

德国位于欧洲西部，有 16 个州，8293 万人口。畜牧业占据了德国农业的主要地位，年产值远超过种植业，其生产体系虽以中小规模的私人牧场为主，但规模化、集约化程度却日趋明显。德国早在1933年就已制定了第一部《帝国动物保护法》。法律的具体内容并不局限于动物的防治，更主要的是动物福利和保护。除了严格执行欧盟的法律法规外，各州行政主管部门还可制定有关规章，且法律条款实时修订，即时性强。

在应急管理方面，德国联邦政府和州政府承担的应急管理的内容并不相同，为了公众民事安全，德国联邦政府专门设置了联邦民事保护与灾害救助局，其在民众保护和重大灾害救援方面起到重要的管理指挥作用。与美国相似，德国各州政府在减灾方面各司其职，其权责分明、协调合作的运转体系，促进了德国兽医管理工作切实有效进行。一方面，政府的兽医工作管理机构由联邦、州和基层兽医管理机构，实行层级管理（如若不能独自应对时，联邦政府与州政府商榷后协调应对）。另一方面，作为政府社会管理职能的重要补充，德国还存在各类中介组织，这些组织大概可分为动物疾病保险公司、兽医协会、农业协会以及各类动物卫生服务中心。动物疾病保险公司在政府与养殖户间搭建平台、提供行业服务等方面发挥着重要的纽带作用，拿出一定经费支持投保农户做好防疫，从而形成良性循环。兽医协会主要负责与兽医从业人员利益相关的部门进行沟通和协调，可有效约束会员行为，规范行业管理。农业协会主要在一些州存在，承担着对饲养者、兽医从业人员的培训和宣传任务，并参与疫病保险的查勘定损，同时，给政府和行业管理机构提供咨询服务。各类动物卫生服务中心在德国动物疫情监测和食品安全管理中发挥着服务和监督作用，有效促进了政府管理与市场机制的良性互动。进一步地，为了加强联邦与州之间的协作，联邦还开发了"德国紧急预防信息系统"，该系统的开放不但为公众提供了不同突发事件下应急管理的措施和办法，为危机情境下人们的行为规则提供指导，而且还为决策者有效开展危机管理提供帮助。

除此之外，闫振宇（2012）研究表明，德国联邦政府和各级政府对动物疫病的防控工作高度重视，将动物的保护、食品安全的保障作为人类安全保障的终极目标，并在动物疫病方面获得了突出的成绩。对动物疫病的防治由免疫为主向检疫检验为主转变。目前监测工作已成为德国动物疫病防控工作的重心。其监测机制运转高效，同时具有网络化、动态化、可追溯的特点，主要体现在建立了国家强制力保证的信息申报制度、建立被动监测与主动监测相结合的监测机制、可追溯体系十分完善等方面。另外，德国应急管理工作具有广泛的社会基础支持，这一支持弥补了政府在应急管理工作中存在的不足。闫振宇（2012）研究发现，德国联邦政府规定每一个饲养动物的德国公民都有上报法定动物疫病疫情的义务，政府会定期组织饲养动物的公民进行疫病防控知识的培训，并通过发放小册子或媒体发布等方式告知养殖者必须上报的疫病种类。与此同时，德国相关法律政策规定，如若发现养殖场未报或隐瞒法定动物疫情，导致其经济损失的，保险公司将不予理赔。此外，陈晓明（2010）研究表示，政府在对其养殖场进行扑杀后也不会给予补贴，同时养殖场主还会受到高额罚款以及禁止从事动物养殖活动的处罚。

基于以上分析，可以看出，德国的重大动物疫情应急机制与美国的相似，都有严格的执行标准和法律法规体系，这也是促进德国政府应对疫情工作切实有效的影响因素。因此，N 市政府可以依据自身的情况结合德国的经验，将疫情防治由免疫为主向检疫检验为主转变，定期进行疫病防控知识的培训等。

4.3.3 日本疫情应急服务机制

日本的动物疫情事件应急组织体系是在国家危机管理体系的基础上建立的，其动物疫情事件应急管理系统由厚生劳动省、派驻地区分局、检疫所、大学医学院和附属医院、国立医院、国立疗养院、国立研究所等构成。地方应急管理系统由都道府县卫生健康局、卫生试验所、保健所、县立医院、市村町及保健中心组成。

日本的应急运作机制以应急法律体系为指导，依托相关的卫生应急组织机构，通过资源保障体系、信息管理体系以及健康教育体系共同形成多系统、多层次和多部门的协作机制。国家和地方层面的应急系统通过纵向行业系统管理和分地区管理的衔接，形成全国的突发性动物疫情事件应急管理网络。

日本坚持立法先行的理念，建立了完善的应急管理法律体系，颁布了《灾害对策基本法》，以灾害管理法律为基础，有效地提高日本整体应急管理的能力和水平。日本的应急资源保障体系主要包括人员、资金和物资三个方面，其中，应急人员队伍由专职人员和接受过专门训练的志愿者的兼职人员共同组成，他们已经成为地区防灾和互助的骨干力量；资金保障方面，通过立法明确规定了国民在应急救治中负担的比例；物资保障方面，建立了应急物资储备和定期轮换制度，日本家庭基本上都储备有防灾应急用品和自救用具。

4.3.4 印度疫情应急服务机制

印度的应急服务组织机构分为国家、邦、县和区四级，四级政府均设置统一的应急管理机构，以邦为核心，中央主要负责协调资源等支持工作。各级政府主管部门基本都设置指挥中心，指挥中心一旦收到危机报告即进入启动状态。为确保救灾行动的及时启动，印度政府制定了《国家突发事件应急行动计划》，并周期性地更新，该计划明确了疫情灾难后中央各部局所需采取的具体行动计划。

纵观以上四个国家的动物疫情事件应急服务体系各具特色，其经验为 N 市提供了一些启示，但由于国情的不同，N 市需要结合本市的实际状况进行吸收。美国和德国具有完善的动物疫情危机应急组织体系和协调机制，建立了"国家—州—地方"三级层面的应对体系，形成了以完善的应急法律制度为保障的全方位、立体化的综合协调的应急管理体制机制。日本的疫情危机事件应急处置效率非常之高，得益于其强有力的应急指挥中枢，同时，地方保健所组成的管理网络体系，配备各种战略性的互助、自助体系，以及全民教育的开展，也为体系高效发挥作用提供了良好的保障。印度灾害种类繁多且频繁发生，各种灾害极易造成大规模的疫情暴发而导致公共危机，尤其是其对公共危机事件的动态化的应急处理模式，对 N 市特别是其农村地区具有较高的借鉴价值。

第5章 农村重大动物疫情应急机制研究——以N市为例

农村重大动物疫情事件的应急管理是一个复杂的系统工程，由于应急服务机制和政策的不完善，使得政府部门不能有效地应对和处置此类疫情事件，政府应急能力的高低与农户的损失以及社会整体的发展息息相关。本章以N市农村地区重大动物疫情事件为例，对N市的应急机制及机制实施现状进行分析。

本章的结构主要分为四个部分：第一部分对目前国家农村应急管理机制的相关规定进行介绍，这一部分主要从农村应急管理机制、农村应急管理的制度以及农村应急预案体系及管理三方面进行。其中对应急管理机制的介绍又从预防准备机制、应急管理机制以及善后机制这三方面具体介绍。第二部分在第一部分介绍的基础上以禽流感应急为例对N市目前农村重大动物疫情应急机制及实施情况进行描述性统计分析。第三部分主要从应急处理机构的设置情况、应急管理运行机制以及应急保障能力三个方面对其应急机制现状进行深入分析。第四部分为本章小结。

5.1 农村重大动物疫情应急机制介绍

5.1.1 农村应急管理机制

依据对农村疫情事前、事中、事后三阶段的划分方式，应急管理机制也可划分为事前预防准备机制、事中应急处理机制以及事后善后恢复机制。突发事件的整个过程中三个机制之间是相互联系且共同构成农村突发性公共卫生事件应急管理机制的体系，以下主要是对农村应急管理三个阶段机制的具体介绍。

5.1.1.1 预防准备机制

建立和完善农村突发疫情应急管理预防准备机制是有效应对农村疫情事件的重要前提，预防准备机制主要包含预案制定、监测预警以及资源保障三方面。

预案制定。预案是"一案三制"（应急预案、应急体制、机制和制度）的起点，也是应急管理的基础，具有系统的规划性和前瞻性，在农村疫情事件应急管理过程中起着预防、处理的作用。通常情况下，地方的预案制定机制是结合国家和地方的具体情况而制定的。2003年11月，国务院办公厅成立了应急服务预案工作小组；2004年1月，国务院召开了有关国务院各部门、各单位制定和完善公共事件应急服务预案工作会议；同年5—6月制定了包括应对自然灾害、事故灾难、公共卫生事件以及社会安全事件等在内的25件专项应急预案，并陆续颁布了80件部门预案。截至2005年底全国应急预案编制工作基本完成，且基本覆盖了中国经常发生的突发事件的主要方面。一定程度上来说，农村疫情事件应急预案的制定能够有效降低疫情对农村社会的破坏，以保证应急工作的高效、规范。

监测预警。纵观历史，能够有效应对突发性疫情的前提是做好实时监测，并在此基础上做出准确快速的预警反映。预警机制的建立对未来农村疫情的发生和控制有着非常重要的作用，能够降低事件发生带来的损失和损害。因此，需要建立、健全一套与社会环境相适应且能应用于防范农村疫情事件的预警机制。监测预警主要指对还未发生的事件或可能发生的事件，依据以往事物发展表现出的一定规律，通过对资料的详细搜集和研究，以及利用先进的技术和手段对面临的现实状况做出准确判断，并对检测预警的运行质量和后果做出客观评价，当其出现不正常情况时，可在第一时间内发布准确的信息并采取相应有效措施的行为。

监测阶段运用科学的方法对引起突发疫情的各种因素进行严密监测，同时对风险发生的相关信息进行收集，从而及时掌握风险和突发事件的第一手信息，最终为科学预警和采取有效应对危机措施提供重要的信息基础。

预警主要依据突发疫情过去与现在的数据、资料以及监测结果，采用科学的逻辑推理方法以及技术，对未来可能出现突发事件的风险因素、发展趋势及演变的规律等做出估计与推断，并依据估计和推断出来的结果发出确切的警示信息，使政府及公众提前了解到事态可能的发展趋势，从而第一时间内采取应对策略，遏制或防止不利后果的一系列活动。

资源保障。有效处理农村突发疫情，与充足的人力、财力以及相关的设备是分不开的，在突发性事件发生之前能够准备好所需的应急资源，才能及时、有效地对事件做出应对。具体的资源保障机制应当由以下五个部分组成：人力资源保障、通信物资设备保障、财政保障、医疗保障和治安保障。

5.1.1.2 应急管理机制

农村应急管理机制的构建，是处理好突发疫情应急管理的重要环节。完善的应急管理机制，能够在事件发生的第一时间内做出应对措施，使事件带来的损失降到最低。应急管理机制一般包括信息发布、决策指挥、资源调度三种机制。

信息发布。农村公共卫生应急管理中的信息收集是决策的重要依据，且贯穿于突发疫情处理的整个过程，直接关系到工作的开展，信息准确发布的速度与危机带来的损失程度呈正比例关系。因此，与突发性公共卫生事件带来损失相关的所有信息都应及时上报行政部门，并通过快捷、简便的方式坚持以客观、全面、连续的原则告知公众的政府行为。

决策指挥。 在农村疫情应急管理过程中，决策指挥的科学性和有效性对基层政府应对疫情产生决定性影响。因此，基层政府必须具备快速的决策能力以保证最大限度地缩短应急管理时间，使事件带来的损失降到最低，从而提高应对效率。决策指挥机制具体包含应急决策和应急指挥两个方面，其中应急决策主要对引起事件的问题进行分析，拟定可行的方案，最终评定可行方案等；应急指挥主要由地方基层政府、应急管理综合协调机构以及临时的救援机构和现场救援机构等构成。政府决策指挥也遵循决策指挥机制的步骤，具有动态的性质，在危机的初始阶段应该根据发生情况，通过最短的时间来收集信息同时进行分析处理，提出能够解决危机的各种方案，并选取最佳应急方案组织实施。在危机应对的过程中，基层政府部门须适时地根据实际情况对所采用的方案进行调整直到危机事件最终解决。

资源调度。 农村疫情因其发生的不确定性，物资准备时常会出现短缺，特别是在事件发生的初期，短时间内急需大量的救援人员、物资和资金来应对，以便于控制险情，避免危机带来惨重的损失。因此，在农村公共事件应急管理中需建立全面、充足的资源储备和健全的资源紧急调度机制。

5.1.1.3 善后恢复机制

虽说善后恢复机制是农村疫情应急管理过程中的最后环节，但它对应急工作是否取得高效的成果，以及未来的预防工作是否可以顺利开展起着关键性的作用。这一环节可以通过总结评估、恢复重建、行政问责三个方面来完成。

总结评估。 经历过预防准备、应急服务两个阶段后，整个应急事件基本得到稳定，随后进入善后恢复重建阶段，在此阶段中对农村疫情事件进行总结评估是首要工作。总结评估必须根据实际情况计算出事件的损失以及在危机应对过程中损失的规律性，为下一次应急预案机制提供借鉴。

恢复重建。农村疫情过后不可避免会造成一系列负面影响，这时需要采取措施才能确保农村社会的恢复和经济的稳定发展。此外，农村疫情的发生具有影响持续、时间较长的特点，给居民带来或多或少经济损失的同时也会造成不同程度的精神创伤，这时需要政府为农户提供咨询服务，帮助农户早日从事件带来的负面影响中走出来，恢复积极生产。因此，在疫情事件后适当的咨询访谈可作为事后恢复的一项重要内容。

应急善后恢复与重建的相关制度规定：（1）街道办事处和村、社区要积极稳妥、深入扎实地做好善后处置工作，尽快恢复社会秩序的正常运转；（2）对农村疫情造成人员感染、伤亡或重症的需及时进行医疗救助或按规定给予抚恤；对造成经济损失，生产生活困难的群众进行妥善安置；并对紧急调集、征用的人力物力按照规定给予补偿，同时相关部门还需做好防治疫病和消除环境污染等工作。

行政问责。通常情况下行政问责机制，主要指的是政府部门的上级对下级负责人在所管辖的部门和工作范围内，因为在突发疫情中未能履行法定职责，影响突发事件处理效率，加大危机带来的负面效应，而对其进行追究的一种问责行为。行政问责机制的发展主要经历了以下阶段：（1）同体问责为主到异体问责为主的发展过程；（2）应急型问责制度转向长效型问责制度；（3）以行政责任、法律责任为主转向注重政治责任和道德责任；（4）权力问责向制度问责逐步转变。

5.1.2 农村应急管理制度

制度建设是突发事件应急管理的基础和保障，是各项重要措施实施的主要依据。农村应急管理制度主要指在突发事件发生时有关政府应急管理主体、职权、行为及程序关系等制度规范的总称，是应急体制的重要组成部分。目前应急管理制度的建立已取得了一定的成果，这在一定程度上为应急管理工作的顺利开展提供了保障。应急管理制度的主要任务是规范突发事件的事前预防与准备、监测与预警，事中的应急处置与救援，事后的恢复与重建等一系列的活动。钟开斌（2009）指出，随着全国制度化建设的推进，目前各类应急预案的建设已在地方开展，并建立健全了许多应急管理机制，这些体制机制最终上升为一系列的法律、法规和规章，从而使应急管理逐步走向规范化、制度化的轨道。

《重大动物疫情应急管理法》规定，在疫情应对环节中不履行疫情报告职责：瞒报、谎报、迟报或者授意他人瞒报、谎报、迟报，阻碍他人报告重大动物疫情；重大动物疫情报告期间，不采取临时隔离控制措施，导致动物疫情扩散、不及时划定疫点、疫区和受威胁区，不及时向本级人民政府提出应急处理建议；或者不按照规定对疫点、疫区和受威胁区采取预防、控制、扑灭措施；不向本级人民政府提出启动应急指挥系统、应急预案和对疫区的封锁建议；对动物扑杀、销毁不进行技术指导或者指导不力，不组织实施检验检疫、消毒、无害化处理和紧急免疫接种；未履行规定导致动物疫病传播、流行，对养殖业生产安全和公众身体健康与生命安全造成严重危害。兽医主管部门及其所属的动物防疫监督机构有以上行为之一的，由本级人民政府或者上级人民政府有关部门责令立即改正、通报批评并给予警告；对主要负责人、负有责任的主管人员和其他责任人员，依法给予记大过、降级、撤职直至开除的行政处分；构成犯罪的，依法追究刑事责任。

更进一步，《重大动物疫情应急管理制度》第四十三条规定县级以上人民政府有关部门不履行应急处理职责，不执行对疫点、疫区和受威胁区采取的措施，或者出现对上级人民政府有关部门的疫情调查不予配合、阻碍、拒绝的，由本级人民政府或者上级人民政府有关部门责令立即改正、通报批评、给予警告；对主要负责人、负有责任的主管人员和其他责任人员，依法给予记大过、降级、撤职直至开除的行政处分；构成犯罪的，依法追究刑事责任。第四十四条规定，有关地方人民政府阻碍报告重大动物疫情，不履行应急处理职责，不按照规定对疫点、疫区和受威胁区采取预防、控制、扑灭等措施，或者出现对上级人民政府有关部门的疫情调查不予配合或者阻碍、拒绝的，由上级人民政府责令立即改正、通报批评、给予警告；对政府主要领导人依法给予记大过、降级、撤职直至开除的行政处分；构成犯罪的，依法追究刑事责任。第四十五条规定，截留、挪用重大动物疫情应急经费，或者侵占、挪用应急储备物资的，按照《财政违法行为处罚处分条例》的规定处理；构成犯罪的，依法追究刑事责任。第四十六条规定，拒绝、阻碍动物防疫监督机构进行重大动物疫情监测，或者发现动物出现群体发病或者死亡，不向当地动物防疫监督机构报告的，由动物防疫监督机构给予警告，并处2000元以上、5000元以下的罚款；构成犯罪的，依法追究刑事责任。第四十七条规定，擅自采集重大动物疫病病料，或者在重大动物疫病病原分离时不遵守国家有关生物安全管理规定的，由动物防疫监督机构给予警告，并处5000元以下的罚款；构成犯罪的，依法追究刑事责任。第四十八条规定，在重大动物疫情发生期间，哄抬物价、欺骗消费者，散布谣言、扰乱社会秩序和市场秩序的，由价格主管部门、工商行政管理部门或者公安机关依法给予行政处罚；构成犯罪的，依法追究刑事责任。

5.1.3　农村应急预案体系及管理

农村应急预案体系主要指在面对农村突发事件如自然灾害、重特大事故时为保证迅速有效地开展应急和救援的应急管理、指挥、救援计划等预先做出的具体安排。农村应急预案体系建立在综合防灾规划上，分为完善的应急服务指挥系统、应急保障体系、综合协调应对自如的相互支持系统、备灾保障体系以及综合救援应急队伍，主要经历了由专项应急预案到综合性应急预案的编制和使用两个阶段。专项应急预案体系是针对具体的事件（如煤矿爆炸、有害化学品泄漏等）、危险源以及应急保障而制定相关计划和方案，是综合应急预案的组成部分，需按照综合应急预案的相关程序和要求组织制定，并将其作为综合性应急预案的附件。综合性应急预案是对事件应急的方针、政策、职责、行动、措施以及保障等内容和程序的总体阐述。

农村应急预案的完善能及时、有效地控制和扑灭突发性重大动物疫情，最大限度地减轻突发重大动物疫情对畜牧业及公众健康造成的危害，保持经济社会持续稳定发展，保障人民身体健康及财产安全。依据《动物防疫法》《进出境动植物检疫法》《重大动物疫情应急条例》《国家突发公共事件总体应急预案》《国家突发重大动物疫情应急预案》和《J省动物防疫条例》《J省突发公共事件总体应急预案》《J省突发重大动物疫情应急预案》《N市突发公共事件总体应急预案》等法律法规，政府履行统一领导，分级管理，快速反应，高效运转，预防为主，群防群控等基本原则，制定了高致病性动物疫情应急预案。此应急预案适用于全市范围内突发性地造成或可能造成畜牧业产业严重损失和社会公众健康严重损害的重大动物疫情的应急处置工作。

5.2 以 N 市农村禽流感为例的应急机制及实施现状分析

应急机制是政府应对突发事件的制度化、程序化的方法与措施。应急管理体制是政府为完成法定的应对公共危机的任务而建立起来的，具有确定功能的应急管理组织结构和行政职能，应急保障体系则为应对公共危机任务提供及时有效的物资支持，它们是应急管理机制正常运行不可或缺的重要因素。据N市[2013]143号文件显示，目前N市在应对高致病性禽流感疫情时主要从疫情预警、疫情应对、疫后恢复评估三个主体阶段来执行，实际执行流程图如5.1所示。

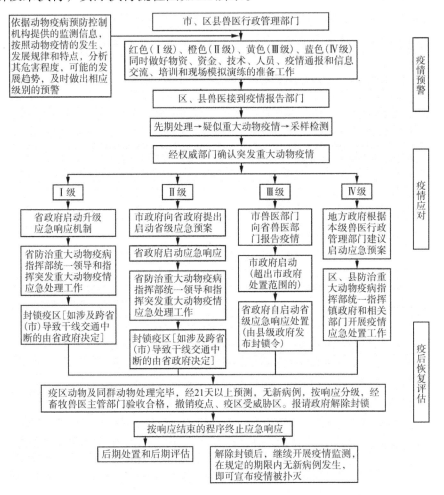

图5.1　N市政府应对动物疫情流程

依据图5.1呈现的N市政府应对动物疫情流程可知，在疫情预警、疫情应对以及疫情恢复评估的每一个环节都存在复杂的应急过程，以下将对每一环节的具体工作进行详细的介绍。

5.2.1 疫情预警阶段

依据高致病性禽流感疫情可能造成的危害程度、发展情况和紧迫性等因素，将其由低到高划分为一般（Ⅳ级）、较重（Ⅲ级）、重大（Ⅱ级）、特别严重（Ⅰ级）四个预警级别，并依次采用蓝色、黄色、橙色和红色加以表示，分级标准如表5-1所示。

表5-1　N市重大动物疫情等级划分标准

类疫情等级	疫情种类		
	禽流感	口蹄疫	其他
Ⅰ级	21天内,我省(含我市)和相邻省(市)有10个以上县(市、区)发生疫情,或在我省范围内(含我市)有20个以上县(市、区)发生或者10个以上县(市、区)连片发生疫情,或在我省(含我市)及其他邻近数省(市)呈多发态势	14天内,我省(含我市)在内的5个以上省份发生疫情,且疫区连片;或我省(含我市)20个以上区县连片发生疫情或疫点数达到30个以上	农业农村部认定的其他Ⅰ级突发重大动物疫情
Ⅱ级	21天内,我省范围内有2个以上市(含我市)发生疫情,或在我省范围内(含我市)有20个以上疫点或者5个以上、10个以下县(市、区)连片发生疫情	14天内,我省范围内有2个以上相邻市(含我市)或包括我市在内的5个以上县(市、区)发生疫情,或我市有新的口蹄疫亚型出现并发生疫情	农业农村部或省级兽医行政管理部门认定的其他Ⅱ级突发重大动物疫情

续表

类疫情等级	疫情种类		
	禽流感	口蹄疫	其他
Ⅲ级	21天内,我市行政区域内有2个以上区(县)发生疫情,或疫点数达到点3个以上	14天内,我市行政区域内有2个以上区(县)发生疫情,或疫点数达到5个以上	市级以上兽医行政管理部门认定的其他Ⅲ级突发重大动物疫情
Ⅳ级	高致病性禽流感、口蹄疫、猪瘟、高致病性猪蓝耳病、新城疫疫情在我市1个区(县)行政区域内发生		区(县)级以上兽医行政管理部门认定的其他Ⅳ级突发重大动物疫情

依据以上对重大动物疫情的等级划分,可以看出不同等级重大动物疫情的划分主要由疫情发生情况和规定时间内扩散情况来决定。因此,针对不同等级的疫情也会有相应的部门来进行应急处理,以下对不同级的疫情处理和政府职责进行说明,具体如图5.2所示。

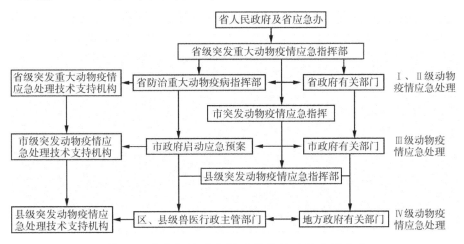

图5.2　政府部门对应的不同等级动物疫情业务

除此之外,N市指挥部办公室依据动物防疫机构提供的监测信息和国内高致病性禽流感疫情动态,按照疫情的发生、发展规律以及特点,对其危害程度、发展趋势，发布预警信息进行分析，提出相应的预警建议，报市指挥部批准后发布。市指挥部在确认可能引发疫情的预警信息后，根据预案及时部署，迅速通知各相关部门和单位采取行动，防止疫情的发生、发展和蔓延，监测流程如图5.3所示。

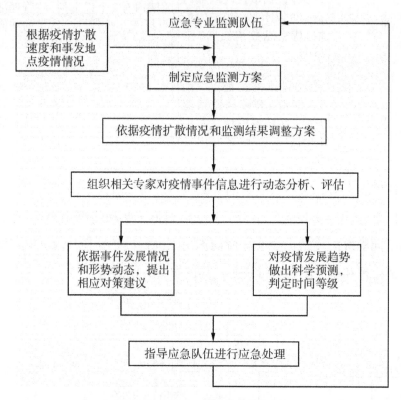

图5.3　重大动物疫情监测调查

更为突出的，N市政府部门在此阶段还从物资保障、资金保障、技术保障、人员保障、疫情通报和信息交流以及培训和现场模拟演练等方面准备了应对禽流感疫情的保障措施。

物资保障。建立市、区紧急防疫物资储备制度，同时加强应急物资的储备管理，将储备库设在交通便利、具备贮运条件、安全保险的区域。储备物资根据禽类养殖量和疫病控制情况进行合理计划，主要包括：疫苗、诊断试剂、消毒药品(设备)、防护用品、运输工具、密封用具、通信工具及其他用品。

资金保障。N 市及各区人民政府按照各自职责，将动物疫病预防、控制、扑灭、检疫和监督管理所需经费纳入本级政府的财政预算中。

技术保障。N 市建立高致病性动物疫情专家委员会，其成员由技术官员、动物疫病防治专家、流行病学专家、卫生防疫专家、野生动物专家、动物福利专家、经济专家、风险评估专家、法律专家等组成，委员会成员在负责提出应对技术措施建议，参与草拟或修订高致病性动物疫情应急预案和处置技术方案的同时，还需对疫情应急处理进行技术指导和培训，并对疫情应急响应的终止、后期评估等提出建议。除此之外，N 市建立了动物疫病预防控制实验室，在省动物疫病预防控制中心的指导下，定期开展本市范围内动物疫情的检测监控活动。

人员保障。N 市及各区人民政府在组建突发高致病性动物疫情防疫应急预备队的同时分设了疫情处置、封锁治安、紧急免疫、卫生防疫等相关分队。各分队由相应专业人员组成，其主要职责是：根据各级重大动物疫病应急指挥机构的要求，按照划定的疫区和受威胁区的具体范围，对疫区实施封锁，对疫区内易感动物实施扑杀并严格消毒，同时做好人员防护等各项工作。应急预备队主要由市农林、公安、交通、工商、商务、卫生、监察等部门，以及动物防疫监督人员、有关专家和卫生防疫人员组成。必要时，可请求武警部队协助执行疫情处置的相关任务。

疫情通报和信息交流。N 市指挥部办公室定期召开联络员会议，建立信息通报会制度，并定期或不定期地向有关部门通报疫情信息，各有关部门将掌握的疫情信息及时通报市指挥部。

培训和现场模拟演练。N 市及各区指挥部每年组织对应急预备队成员进行系统培训，培训的内容主要包括：高致病性动物疫情的预防、控制知识，包括免疫和流行病学调查、诊断、病料采集与送检，以及消毒、隔离、封锁、检疫、扑杀和无害化处理等知识和技能；动物防疫法律、法规；个人防护常识、治安与环境保护常识等。除此之外，市及各区指挥部每年有计划地组织疫情防控演练，各级财政给予必要支持，以确保预备队总体应急能力的不断提升。

5.2.2 疫情应对阶段

N市动物防疫部门在此阶段的工作主要分为疫情控制措施采取、封锁以及扑杀两大环节。

控制措施。N市农村动物防疫部门发现可疑疫情或接到可疑疫情报告后，立即派员到现场进行调查核实，对初步怀疑为高致病性动物疫情的病源在1.5小时内将情况报告本级指挥部和市动物防疫部门。市动物防疫部门接报后，立即报告市指挥部，并在2小时内报请省指挥部委派动物疫情现场诊断专家到现场，进行流行病学调查和临床诊断，对继续怀疑为高致病性禽流感的疫情，立即按照要求采集病料样品送省级实验室诊断。一旦确定为高致病性禽流感疫情，便在各级政府统一领导、指挥以及有关部门密切配合下，按照"早、快、严"的原则，开展应急处理工作，坚决扑杀，彻底消毒，严格隔离，强制免疫，坚决防止疫情扩散。

封锁、扑杀。疫情诊断结果为阳性，则可确定为高致病性禽流感疫情疑似病例，由所在区政府发布封锁令，对疫区进行封锁。区指挥部立即组织有关部门和单位，调动应急预备队，对疫点、疫区、受威胁区采取消毒等各项应急处理措施，同时对感染群的所有动物进行扑杀，扑杀动物及其产品、污染物或可疑污染物都要进行无害化处理。感染群所在场所(村)的内外环境、有关设施也需进行彻底消毒有必要时则对其予以关闭。在关闭期间，禁止染疫和疑似染疫的动物、动物类产品流出疫区，情况严重时则需对出入封锁区的人员、运输工具及有关物品采取消毒和其他限制性措施。

5.2.3 疫后恢复评估阶段

高致病性动物疫情扑灭后，疫区内所有动物及其产品按规定处理后，经过21天以上的监测，未出现新的传染源，在审验合格的基础上，由当地兽医行政主管部门向发布封锁令的同级人民政府申请解除封锁。经省级兽医行政主管部门与有关部门共同分析评估合格后，方可对关闭场所(村)开放。取消封锁限制及流通控制等限制性措施后，根据疫情的特点，对疫点和疫区进行持续监测，直至监测无感染阳性后方可移动。符合相关规定要求后，方可重新引进动物。同时，加大扶持力度，尽快恢复养禽业生产。

除此之外，高致病性动物疫情扑灭后，N市各级重大动物疫病应急指挥机构组织有关人员对疫情的处理情况进行后期评估。评估内容包括：疫情基本情况、发生经过、现场调查及实验室检测结果；疫情发生的主要原因分析、结论；疫情处理经过、采取的防治措施及效果；应急过程中存在的问题与困难，以及针对本次疫情的暴发原因、防控工作中存在的问题与困难等提出的改进建议和应对措施。评估报告在20日内上报本级人民政府，同时抄报上一级重大动物疫病应急指挥机构。

5.3 N市农村公共卫生事件应急机制现状分析

应急机制是政府应对突发事件的制度化、程序化的方法与措施。应急体制是政府为完成应对法定公共危机的任务而建立起来的具有确定功能的应急组织结构和行政职能，应急保障体系则为应对危机任务提供及时有效的物资支持，它们是应急管理机制正常运行不可或缺的重要因素。目前 N 市在农村应急管理机制的组织机构、运行机制和应急保障三个方面存在着不足。

5.3.1 农村缺乏常设性综合应急处理机构

农村的应急管理体制，主要是指县级政府与上级政府之间、县乡政府之间，以及县级政府内部不同机构之间有关危机管理权责关系的划分。针对 N 市农村的现状，县级政府设立了应急办这一部门作为综合协调机构，应急办的职责是"协助政府领导处置公共卫生事件，协调指导公共危机事件的预防预警、应急演练、应急处置、调查评估、信息发布、应急保障等工作"。一旦农村发生公共卫生事件，县级卫生部门会负责成立临时应急指挥部。目前，应急办和临时应急指挥部在突发卫生事件应急处置中存在职能重叠问题，容易导致权责不清，且这两个机构的协调也存在问题，因而不能有效地应对突发性公共卫生事件。

5.3.2 农村应急管理运行机制不够健全

事前预防和准备不够充分。事前的预防和准备工作涉及面很广，最有效、最实用的准备内容之一就是编制各种应急预案。尽管目前 N 市各县级政府完成了预案制定工作。但是，在农村中，由于组织、人力、技术装备和社会资本等资源的短缺，应急预案制定与演练不力，农村居民的危机意识和宣传教育两方面的情况并不乐观。表 5-2 反映了 N 市农村居民灾前应急训练的情况，从表中可以看出广大农村居民很少参加应急的培训、演练和宣传教育等活动。此外，在广大的农村地区，政府各相关专业部门几乎垄断了全部的技术人员、技术装备和财政资金，出于部门利益的考虑，它们往往排斥广大农民参与到事前的预防和准备工作中，这就大大增加了农村场域中的风险隐患，降低了农村社会防范和抗御各种危机事件的能力。

表5-2 N市农村居民事前应急训练情况

变量	取值	有效百分比/%	Mean±SD
参加急救培训次数	从未参加	76.3	11.2±2.1
	参加1—2次	13.7	
	参加3次以上	0	
参加应急演练次数	从未参加	80.2	11.0±2.0
	参加1—2次	19.8	
	参加3次以上	0	
参加应急知识宣传活动次数	从未参加	73.9	11.3±2.2
	参加1—2次	26.1	
	参加3次以上	0	
参加应急救援队活动次数	从未参加	78.9	11.0±2.0
	参加1—2次	21.1	
	参加3次以上	0	
参加卫生事件隐患巡查次数	从未参加	72.7	11.4±2.2
	参加1—2次	27.3	
	参加3次以上	0	

数据来源：2017年调查整理而得。

事中预警和应对能力较弱。公共卫生事件的事中应对机制包括初始阶段的预警和大规模暴发的应急处置机制。Hu和Zhao（2011，2012）指出，如果人们可以在初始阶段检测到疫情的信息，及时预警并迅速采取干预措施，则可以避免疫情的大规模暴发。受制于N市农村社会的现实状态，农村疫情预警工作目前仍然存在诸如预警意识不足、疫情重视程度偏低、危机监测途径单一、信息报告流于形式且难以传递等问题。

危机应急处置，是整个危机管理的中心环节，是对各种管理资源要求最集中、最紧迫的阶段。蔡晓辉（2010）指出，由于县乡村三级组织及其领导人的素质和能力有限，使得农村基层组织和自治力量在灾难面前的"中空"，已经成为一种常态。目前 N 市在应急过程中也会伴有此现象的发生。此外，很多与农民切身利益相关的、应该公开的信息往往被县级政府列入"保密范围"之内，不向社会公众公开，这些问题严重制约了农村应急处置能力的提高。

忽略事后受灾人员的安抚以及对事件责任的追究。目前 N 市的事后恢复机制仅包括对受灾人员物质的赔偿，而忽略了对其心理的安抚以及对事件责任的追究。即使是物质赔偿方面，也存在着补偿标准单一，严重忽视受害者具体损害状况的问题。如果受害者及其家庭的心理创伤（经济压力所导致）没有得到及时的安抚和疏解，其负面效应会影响受害者较长一段时间。研究表明：突发公共卫生事件后全国各地抑郁症的患病率从5.4%到52%不等，自杀率也呈上升趋势。此外，N 市很少有针对农村地区政府部门人员绩效可量化的评估指标体系，同时县级政府作为中国政府系统的基层，不容易受到责任的约束，责任追究很难落实。

5.3.3　农村疫情应急保障能力较弱

N 市农村疫情服务体系运作主要由地方政府来承担。然而县级政府由于财力紧张，对农村的公共卫生投入少，相关统计发现，N 市城乡公共卫生资源配置的差距较大，农村长期受到医疗卫生资源贫乏的困扰。同时，N 市农村缺乏训练有素的工作人员，包括执业医师、助理医师、注册护士等直接从事医疗卫生服务的工作人员。对部分年份城乡每千人口卫生技术人员的不完全统计发现，城市每千人口卫生技术人员的数量达到了农村的2.4倍，城乡资源存在较大差距。

此外，本书对 N 市农村疾病控制、防疫机构的数量，以及 N 市社区卫生服务中心的数量进行了统计，具体如图5.4、图5.5所示。

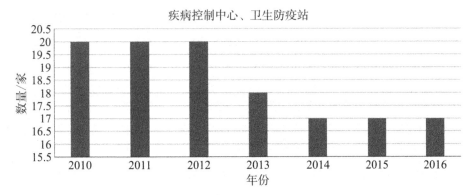

图 5.4 N市农村疾病控制、防疫机构统计

数据来源：N市统计年鉴。

从图 5.4 中可以发现，虽然 2014—2016 年 N 市农村疾病控制、防疫机构的数量趋于平稳，但是从 2010—2016 年这几年来看，疾病控制及疫情防治机构的总数量处于下降的趋势。

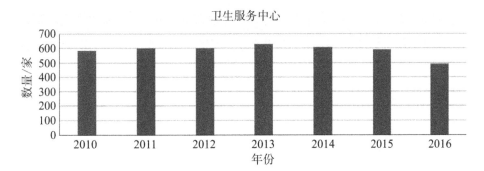

图 5.5 N市社区卫生服务中心统计

数据来源：N市统计年鉴。

从图 5.5 中可以看出，N 市社区卫生服务中心的数量 2010—2013 年处于缓慢上升阶段，从 2010 年的 584 个上升到 2013 年的 638 个，但是之后的 2014 年开始出现了明显的下降趋势，特别的是到了 2016 年下降到历史新低值 491 个。

与上述统计结果相似，民政部救灾司（2009）研究发现农村地区的应急物资储备严重不足，全国 31 个省（区、市）普遍建立了省级救灾物资储备库，75.3％的地级市建立了市级储备库，却只有56.5％的县（市）建有储备库，县以下的乡村救灾物资储备则基本处于空白状态。与此相似，由于N市农村地区面临公共卫生投入少、公共卫生人员短缺，应急物资储备不足等问题，导致应急保障能力相对较弱，严重影响突发事件的处理乃至公共卫生事业的发展。

5.4 本章小结

本章通过对N市农村突发性公共卫生事件应急机制的介绍以及实施现状的分析可得出以下初步结论。

第一，农村缺乏常设性综合应急处理机构。目前应急办和临时应急指挥部在突发卫生事件应急处置中存在职能重叠问题，容易导致权责不清，且这两个机构的协调也存在问题，因而不能有效地应对突发性疫情事件。

第二，农村应急管理运行机制不够健全。事前预防和准备还不够充分，从农村居民灾前应急训练的情况，可以看出广大农村居民很少参加应急的培训、演练和宣传教育等活动。此外，在广大农村地区，政府各专业部门几乎垄断了全部的技术人员、技术装备和财政资金，出于部门利益的考虑，他们往往排斥广大农民参与到事前的预防和准备工作中，大大增加了农村场域中的风险隐患，降低了农村社会防范和抗御各种危机事件的能力。事中应对能力较弱，且应对过程中很多与农民切身利益相关、应该公开的信息往往被县级政府列入"保密范围"之内，不向社会公开，严重制约了农村应急处置能力的提高。事后忽略对受灾人员的安抚以及事件责任的追究，应急管理事后虽给予受害者物质补偿，但也存在补偿标准单一的问题且容易忽视受害者具体损害状况等问题。除此之外，N市很少有针对农村地区政府部门人员绩效的可量化的评估指标体系，同时县级政府作为中国政府系统的基层，不容易受到责任的约束，责任追究很难落实。

第三，疫情应急保障能力较弱。N市农村缺乏训练有素的工作人员，城乡资源存在较大差距。除此之外，N市农村地区面临的投入少、卫生人员短缺、应急物资储备不足等问题，导致了其应急保障能力相对较弱，严重影响了对突发事件的处理乃至卫生事业的发展。

第6章 N市基层政府主体部门应急绩效测评实证研究

本章将通常用于企业绩效评估的平衡计分卡进行改进然后应用，即运用平衡计分卡分析应急管理政府主体部门绩效测评对政府整体绩效的影响。首先，对本章所使用的模型从评估框架以及目前在政府绩效测评中的应用两方面进行介绍。其次，为了找出N市在应对突发性公共卫生事件过程中可能存在的不足，从而提高政府应对突发疫情的效率，减少此类事件带来的危害和损失，本章对N市的应对过程进行了相应测评并就测评结果进行分析。

本章结构安排如下：第一部分主要对平衡计分卡在政府绩效测评中运用的可行性以及相关指标的设计和权重的计算进行了说明。第二部分为模型的设定、变量选取以及指标权重的确定，主要从政府成本、内部流程、政府绩效、政府学习与成长四个方面来设计影响政府应急管理的指标和指标的权重。第三部分为影响政府自身主体应急绩效的实证结果分析，为了所得实证结果的科学合理性，本部分实证的数据主要采用2017年12月、2018年6月，对N市政府部门进行两次调研的数据分别代入进行测评。第四部分为本章小结。

6.1 模型介绍及在政府绩效测评中的运用

6.1.1 模型介绍

本章所使用的模型为平衡计分卡（Balanced Scorecard），它是由哈佛大学罗伯特·卡普兰（Robert Kaplan）与大卫·诺顿（David Norton）在总结了十几家领先企业绩效管理的基础上，于1992年发表的一种注重财务、内部运营、学习以及发展的绩效评估和管理的测评工具，在绩效评估的过程中要求这四者保持适度平衡的关系。起初平衡计分卡理论主要从财务、客户、企业的内部运营以及未来的发展和成长四个不同的角度出发，对企业的绩效进行测评。其结构通常分为复杂的树状型和单一的直线型两种情况，前者在设计指标时往往分为多级指标，而后者通常需要一级指标和多个子指标即可。因此，在实际的绩效测评中需依据不同的情况做出选择。平衡计分卡的思想主要来源于对企业的管理，但是在现实的政府以及其他的公共管理部门的绩效管理中同样适用。

6.1.2 模型运用于政府绩效测评的可行性

黛博拉·科尔（Deborah L. Kerr）指出："企业与政府之间存在着很多的不同，但是两者在基本的管理理论上是可以互相借鉴的。"在这种思想的指引下，目前已有部分学者在中国政府部门的绩效评估研究中应用了此方法，如吴建南等（2004）、李伟成（2012）、周省时（2012）、许振排（2013）等文献，围绕政府部门最终绩效目标的实现，将平衡计分卡运用到了地方政府绩效管理中，同时利用了平衡计分卡中的财务、顾客、内部流程以及学习和成长等维度内容的因果关系将政府的绩效目标转化成了具体的实施方案，从而为政府目标战略的实施提供了可操作性的框架。莫伊等人提出将已被广泛运用于企业的平衡计分卡（BSC）引入政府应急管理的绩效评估。

从以上的回顾可以看出，平衡计分卡在我国政府部门绩效测评中的应用不仅在理论上得到支持，而且也具有现实可借鉴的经验。它不但能够有效地引导政府和各级领导的执政行为，而且在一定程度上提升我国政府部门的服务质量。

6.2 政府绩效测评指标构建及权重确定

6.2.1 政府绩效测评指标构建

绩效测评指标是运用一定的评价方法，对职能部门所确定的绩效目标实现的情况，以及为实现目标所做预算与执行结果，通过相应的指标所进行的综合评价。彭国甫等（2007）认为，虽然平衡计分卡可以用于政府部门的绩效评估，但是与企业的绩效评估相比还存在本质性区别。政府绩效测评主要追求的是服务的综合能力，这就使得政府绩效的测评更加复杂。因此，政府绩效测评需依据政府的实际情况以及科学的管理要求对模型进行重新构建。**此外，本书认为除了要依据实际情况构建模型外，还需对其所测得的结果进行科学的比较分析后才能做出客观的评价**，因为对数据进行单次测评，所测得的结果很难说是好是坏，如果将其化静态为动态，做相应的比较分析，那么对结果的评价则更具有科学性。因此，本书对模型做了改进，将 N 市两次调研所获得的数据分别进行了计算，比较第一次调研数据和第二次调研数据所测得结果，它们之间存在的差异（如果差异不大，则说明目前此项工作成效是可以的，如果存在差异，则说明此项工作仍有改进的空间）。最终基于此结果对N市政府主体应急绩效做出科学的评价。本书政府绩效测评模型具体如图6.1所示。

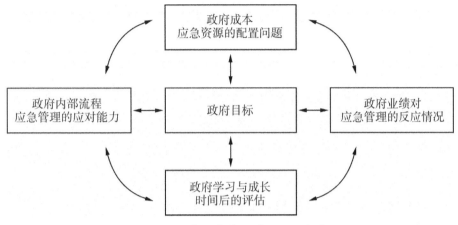

图6.1　政府应急管理绩效测评框架

如图6.1所示，依据政府绩效测评的实际情况分别从政府成本、政府业绩、政府管理内部流程以及政府学习与成长四个方面对政府主体的应急绩效进行测评。应急管理绩效，作为政府部门应急管理的重要组成部分，对其进行测评理论上具有可行性，但是在现实的操作中具有一定的复杂性。因此，通过一套可操作性的指标对政府应急管理的绩效进行定量测评，对政府未来应急管理工作的进展具有重要的指导意义。依据对N市农村突发疫情应急机制的研究，本部分应急管理绩效评估指标的设计按照修改后平衡计分卡的四个维度进行指标的设定。

政府应急服务事前资源配置的评估（财务角度）。这是对政府应急服务能力的潜在性评估，主要内容包括：**应急指挥系统，**政府运用应急指挥系统对突发事件进行指挥控制，将危机带来的损失控制在最小范围内。**专项防治工作，**应对突发性的公共卫生事件，要做好事件发生前的预防工作，这可使得突发事件发生的频率降低。**应急预案，**公共卫生事件发生时，政府部门应当运用应急预案防止类似事件发生。**应急协调制**

度，应急管理中组织内外部沟通渠道是否顺畅。**人员的储备，**N市及各区人民政府在组建突发性动物疫情防疫应急预备队的同时分设了疫情处置、封锁治安、紧急免疫、卫生防疫等相关分队。应急预备队主要由市农林、公安、交通、工商、商务、卫生、监察等部门，以及动物防疫监督人员、有关专家和卫生防疫人员组成。必要时，可请求武警部队协助执行疫情处置的相关任务。**应急调用制度，**在应急管理过程中应防止资源利用出现短缺现象，需在事件发生前制定相关的协调制度。**宣传教育，**在突发性公共卫生事件发生之前，政府部门对防疫方式、处理方式等进行宣传教育，可以最大限度地降低事件带来损害。

应对突发事件的评估（应急管理应对能力）。在应急管理过程中，对管理的评估主要包括：信息发布速度、处理工作及时程度、应对方式（保障资源的合理配置，发挥资源最大的效用）、应对的决策能力、药物保障、人力资源等，这是对政府部门整个管理能力的评估。

应急服务事后结果评估（政府业绩）。应急管理事后结果评估，主要从补偿措施和补贴款发放两个方面进行。突发性公共卫生事件的发生会带来相应的损失，作为政府管理部门在事后需根据实际情况，给予受损失的农户相应的补偿或补贴。

应急管理学习创新评估（学习与成长）。除此之外，政府应急管理能否可持续地发展，最主要取决于部门在应急管理过程中学习和创新能力。创新和学习的能力是政府应急管理工作中最薄弱的环节，在繁重的应急管理负担下有必要训练应急人员反思自己的工作方式，从而提高工作效率。在应急事件学习能力创新上，主要从疫情的及时评估、组织制度的完善(运用新的知识)这两方面进行，这是政府应急管理需要学习的重要方面，从实际的工作中吸取经验才能不断地提高和完善应急管理工作，使突发事件的损失最小化。

6.2.2 政府绩效测评指标权重的确定

指标的权重主要指被测量指标的重要程度，现实中处理有关绩效评估指标权重分配的问题，主要有两种不同的观点。一种假定参与评估的指标都具有同等重要的地位，即赋予各评估指标的权重相同。另一种则认为不同的组织环境下各指标的权重存在不同，只有依据指标的相对重要性赋予其适当的权重，才能保证将最终的结果出现扭曲的现象降到最少。本章研究采用后者的观点即依据实际的情况对指标赋予权重，主要采用层次分析法（analytic hierarchy process，AHP），其核心思想是将复杂的测评问题简单化（分层进行测评），较为准确地确定突发性公共卫生事件应急管理绩效评估指标的权重。

通常情况下对于政府应急管理部门的绩效评价，需考察的指标较多，且每个指标又可划分为二级指标，评价者可以参照以往的数据和信息，对绩效指标给出不同程度的评价，最后通过定量计算（模糊综合评价模型）统计最终结果，从而为政府决策提供依据。本书指标权重赋值所用层次分析法具体分为六个步骤：（1）评价指标集确定；（2）指标权重集确定；（3）确定评价集；（4）模糊评价矩阵确定；（5）模糊评价模型构建；（6）求出模糊综合评价值。

（1）评价指标集的确定

主要因素层面的评价指标集设计如下：

$$E=\left\{E_i\right\},\ i=1,\ 2,\ 3,\ \cdots,\ n \tag{6-1}$$

$$E_i=\left\{E_{ik}\right\},\ k=1,\ 2,\ 3,\ \cdots,\ m \tag{6-2}$$

（2）指标权重集的确定

主要因素层面的评价指标权重集设计如下：

$$B=\left(b_1,b_2,b_3,\cdots,b_m\right)$$

其中 $\sum_{i=1}^{m} b_i = 1$ $\tag{6-3}$

子因素层面的评价指标权重集：

$$B_i = \left(b_{i1}, b_{i2}, \cdots, b_{ik} \right)$$

其中 $k = \sum_{k=1}^{k} b_{ik} = 1$ （6-4）

式中，b_i 和 b_{ik} 都是通过层次分解法分解而得，由专家组对其重要度按照 1—10 分逐渐递增进行打分评价。

（3）评价集的确定

所谓评价集是对评价对象出现的所有结果的综合，本书中用 U 表示，即 $U = \{U_j\}$，$j = 1$，2，3，$\cdots$，n；式中 U_j 表示第 j 个评价结果。

（4）模糊评价矩阵确定

模糊评价矩阵的建立是进行子因素层评价的前提，具体如下所示：

$$C_i = \begin{pmatrix} C_{i11} & C_{i12} & C_{i13} & \cdots & C_{i1n} \\ C_{i21} & C_{i22} & C_{i23} & \cdots & C_{i2n} \\ C_{i31} & C_{i32} & C_{i33} & \cdots & C_{i3n} \\ \vdots & \vdots & \vdots & \ddots & \vdots \\ C_{ik1} & C_{ik2} & C_{ik3} & \cdots & C_{ikn} \end{pmatrix}$$ （6-5）

式（6-5）中的 C_{ikj} 的值主要通过专家评审获得，主要表示评价子因素层 E_{ij} 的第 j 级的隶属情况。

（5）模型的建立

主要是对主因素和子因素进行的综合评价，模型建立首先对子因素层 E_{ik} 的矩阵 C_i 作模糊矩阵运算，得到 E_i 对评价集 U_i 的隶属到 E，具体如式（6-6）所示。

$$D_i = B_i * C_i$$

$$= (b_{i1}, \ b_{i2}, \ \cdots, \ b_{ik}) * \begin{pmatrix} C_{i11} & C_{i12} & C_{i13} & \cdots & C_{i1n} \\ C_{i21} & C_{i22} & C_{i23} & \cdots & C_{i2n} \\ C_{i31} & C_{i32} & C_{i33} & \cdots & C_{i3n} \\ \vdots & \vdots & \vdots & \ddots & \vdots \\ C_{ik1} & C_{ik2} & C_{ik3} & \cdots & C_{ikn} \end{pmatrix}$$

$$=(d_{i1}, \ d_{i2}, \ \cdots, \ d_{in}) \tag{6-6}$$

式（6-6）中的 $d_{ij}=\sum\limits_{j=1}^{n}\left(b_{ik}\sum\limits_{h=1}^{k}c_{ikj}\right)$，只是对每一类中各个因素进行的综合，因此，需进行二级模糊评价（考虑主因素和子因素的影响），此时，单因素的评价矩阵如式（6-7）所示：

$$C=\begin{vmatrix} D_1\,B_1\times C_1 \\ D_2\,B_2\times C_2 \\ \vdots\ \vdots\ \ddots\ \vdots \\ D_m\,B_m\times C_m \end{vmatrix} \tag{6-7}$$

对式（6-7）进行模糊矩阵运算，从而可以得到主因素权重指标 E 对于评价集的二级模糊评价 U 的隶属向量，如式（6-8）所示：

$$G=B\times C=(B_1, \ B_2, \ B_3, \ \cdots, \ B_m)\begin{pmatrix} B_1\ \times\ C_1 \\ B_2\ \times\ C_2 \\ \vdots\ \times\ \vdots \\ B_m\qquad C_m \end{pmatrix}$$

$$=(g_1, \ g_2, \ g_3, \ \cdots, \ g_m) \tag{6-8}$$

式（6-8）中，以 g_j 作为权数，对 U_j 进行加权平均，平均值作为最终的评价的结果，如果出现 $\sum\limits_{j=1}^{n}g_j\neq 1$ 时，则需要进行归一化（一致性）处理，假设 $\Delta g_i=\dfrac{g_i}{\sum\limits_{j=1}^{n}g_i}$，最终得到 $\Delta G=(g_1, \ g_2, \ g_3, \ \cdots, \ g_m)$

（6）结果的测算

首先，对评价集中 U_i 的每个评价结果设定权值，各权值用 W_j 表示，来反映评价结果的重要程度。其次，在此基础上求出 G 中各个分量的加权平均值，用 S 表示。

$S=\sum\limits_{j=1}^{n}W_j$，$g_j$ 为最终所获得的模糊综合评价结果。

6.3 政府应急管理绩效测评结果分析

6.3.1 数据来源及作用机制分析

本章实证分析所使用的数据主要通过发放标准化的调查问卷获得，收集政府主体（N市的市级单位）部门对下属部门应急管理绩效的测评而获得。调查问卷的内容主要针对政府应急管理主体（N市的市级单位）进行设计，为了使调查问卷具有现实的可操作性，我们对初始的问卷进行了预调研并依据问卷填写人员的意见做了相应的修改，最后，经小样本预测后再修改问卷，结合实地调研的情况以及专家访谈的意见最终确定本部分研究的问卷。

问卷主要依据政府应对突发性公共卫生事件评价指标体系，针对政府主体部门对自身应急情况测评而设计。问卷的内容主要参考刘鸿（2013）、李娇娜（2014）、谢飞（2012）等文献中的调查问卷，并依据相关的法律法规，例如《突发公共卫生事件应急条例》《突发公共卫生事件与传染病疫情监测信息报告管理办法》和N市的实际实施情况进行设计。问卷的问题项总计分为三个等级指标，其中，一级指标是对公共卫生事项按照改进后的平衡计分卡进行的划分；二级指标是主因素指标层，主要指能够体现绩效评估的中间环节，在设计时注重承上启下的作用；三级指标是子因素指标，主要测量的是指标层或者方案层，即应对措施的具体方法。问卷详见附录1。

针对N市发生的突发性公共卫生事件，调研的对象主要是N市的畜牧兽医站、N市的农业委员会以及三位应急管理方面的学者。研究数据主要来自两次调研（分别是2017年12月和2018年6月），总计发放问卷都是110份，最终获得有效问卷分别为93份和95份，研究方法采用分层抽样法，这在保证评价结果客观性的同时也使测评的结果具有一定的说服力。评分主要采取5等级的10分制标准，即测评结果小于5时则为差；在5～6则为较差；在6～7.5则为一般；7.5～8.5则为较好；8.5～10则为非常好。

6.3.2 模型的运算及结果分析

本书共有4项一级指标，即政府成本、政府内部流程、政府学习与成长、政府业绩，分别用字母 A_1、A_2、A_3、A_4 表示，指标的权重测算主要依据以下方式，进行两两比较后给出相应数值。为了统计方便操作，标度设为1到9（见表6-1）。如果在确定权重的时候觉得 A_1 比 A_2 重要，则在表格 A_1A_2 内填入5，在相应的表格 A_2A_1 内填入1/5。

表6-1　层次分析标度说明

a_{ij}	含义
1	指标 B_i 和 B_j 同等重要
3	指标 B_i 和 B_j 略重要
5	指标 B_i 和 B_j 较重要
7	指标 B_i 和 B_j 非常重要
9	指标 B_i 和 B_j 绝对重要
2、4、6、8 倒数	以上两者判断的中间状态指标 B_j 和 B_i 比较 当 i 与 j 比较时则是 a_{ij}，因此当 j 与 i 比较时则是 $a_{ji}=1/a_{ij}$

（1）一级指标权重计算

依据以上指标标度说明的专家访谈和以往研究的经验，对一级指标层的四个维度进行两两比较得到如表6-2所示的判断矩阵。

表6-2　一级指标判断矩阵

指标	A_1	A_2	A_3	A_4
A_1	1	7	5	3
A_2	1/7	1	1/4	1/6
A_3	1/5	4	1	1/5
A_4	1/3	6	5	1

表6-3　平均随机一致性指标

阶数	3	4	5	6	7	8	9	10	11
RI	0.58	0.9	1.12	1.24	1.32	1.41	1.45	1.49	1.51

通过表6-2的判断矩阵以及6-3的指标计算可得该矩阵的最大特征值 $\lambda_{max}=4.0088$，CI$=0.0029$，且CR$=0.0032$（通常情况下认为CR<0.1时，判断矩阵的一致性可以接受，否则需重新进行两两比较）。因此，本判断矩阵通过一致性检验。进一步的一级指标的权重分别为WA$_1=$0.53、WA$_2=$0.05、WA$_3=$0.12、WA$_4=$0.30。

（2）二级指标权重计算

二级指标权重的计算与一级指标相似，主要可概括为四大方面，具体的判断矩阵和计算结果如表6-4、表6-5、表6-6、表6-7所示。

表6-4　A₁指标判断矩阵

A_1	B_1	B_2	B_3	B_4	B_5
B_1	1	4	3	2	3
B_2	1/4	1	1/2	1/3	1/2
B_3	1/3	2	1	1/2	1
B_4	1/2	3	2	1	2
B_5	1/3	2	1	1/2	1

通过表6-4的判断矩阵可得该矩阵的最大特征值 $\lambda_{max}=5.03$，CI$=0.008$，且CR$=0.007$（通过一致性检验）。进一步的二级指标的权重分别为WB$_1=$0.40、WB$_2=$0.08、WB$_3=$0.14、WB$_4=$0.25、WB$_5=$0.14。

表6-5 A₂判断矩阵

A₂	B₆	B₇	B₈	B₉
B₆	1	8	5	3
B₇	1/8	1	1/2	1/6
B₈	1/5	2	1	1/3
B₉	1/3	6	3	1

通过表6-5的判断矩阵可得该矩阵的最大特征值$\lambda_{max}=4.07$，CI=0.0029，且CR=0.024（通过一致性检验）。进一步的二级指标的权重分别为$WB_6=0.58$、$WB_7=0.06$、$WB_8=0.10$、$WB_9=0.27$。

表6-6 A₃判断矩阵

A₃	B₁₀	B₁₁	B₁₂	B₁₃
B₁₀	1	1/7	1/3	1/5
B₁₁	7	1	5	3
B₁₂	3	1/5	1	1/3
B₁₃	5	1/3	3	1

通过表6-6的判断矩阵可得该矩阵的最大特征值$\lambda_{max}=4.12$，CI=0.039，且CR=0.043(通过一致性检验)。进一步的二级指标的权重分别为$WB_{10}=0.06$、$WB_{11}=0.57$、$WB_{12}=0.12$、$WB_{13}=0.26$。

表6-7 A₄判断矩阵

A₄	B₁₄	B₁₅	B₁₆
B₁₄	1	4	5
B₁₅	1/4	1	5
B₁₆	1/5	1/5	1

通过表6-7的判断矩阵可得该矩阵的最大特征值$\lambda_{max}=4.13$，CI=0.04，且CR=0.05（通过一致性检验）。进一步的二级指标的权重分别为$WB_{14}=0.46$、$WB_{15}=0.42$、$WB_{16}=0.12$。

（3）三级指标权重及最终应急测评

由于三级指标的区别不大，在测算时采用等量处理的方式。为了测评结果判断更加的科学性合理，本部分研究的数据主要分两次调研获得，并对两次获得的数据测评后进行比较分析。最终计算结果如表6-8、表6-9所示。

表6-8　N市突发性公共卫生事件政府应急管理测评1

一级指标	一级指标最终权重	二级指标	二级指标最终权重	三级指标	三级指标最终权重	问卷平均分	最终得分
政府成本 A_1	00.53	应急指挥系统 B_1	0.212	应急过程中领导小组建设 C_{11}	0.070	6.097	0.427
				应急过程中职能分配 C_{12}	0.070	5.677	0.397
				各部门办公室建设使用情况 C_{13}	0.070	5.538	0.388
		专项防治工作 B_2	0.042	应急防治次数 C_{21}	0.021	5.559	0.118
				应急防治范围 C_{22}	0.021	5.462	0.095
		应急预案 B_3	0.074	应急预案编写 C_{31}	0.017	5.591	0.094
				预案选择 C_{32}	0.017	5.538	0.094
				预案实施 C_{33}	0.017	5.570	0.179
		宣传教育 B_4	0.133	宣传方式 C_{41}	0.033	5.409	0.182
				宣传内容 C_{42}	0.033	5.505	0.186
				宣传频率 C_{43}	0.033	5.624	0.180
				宣传区域 C_{44}	0.033	5.462	0.019
内部流程 A_2	0.05	人员的储备 B_5	0.007	专业(不同岗位)人员储备 C_{51}	0.010	5.495	0.095
				复合型人才储备 C_{52}	0.010	5.548	0.095
		应急调用制度 B_6	0.029	物资供应 C_{61}	0.010	5.581	0.060
				物资运输 C_{62}	0.010	5.871	0.067
				物资发放 C_{63}	0.010	5.559	0.060

一级指标	一级指标最终权重	二级指标	二级指标最终权重	三级指标	三级指标最终权重	问卷平均分	最终得分
内部流程 A_2	0.05	应急协调制度 B_7	0.003	全面协调工作 C_{71}	0.002	5.591	0.096
				实时沟通调整 C_{72}	0.002	5.538	0.093
		信息发布速度 B_8	0.005	信息收集 C_{81}	0.002	5.602	0.080
				信息处理 C_{82}	0.002	5.420	0.075
				信息发布 C_{83}	0.002	5.376	0.074
		处理工作及时 B_9	0.013	部门投入急救所需时间 C_{91}	0.004	5.441	0.075
				指挥中心投入急救所需时间 C_{92}	0.004	5.624	0.080
				应急人员到达现场的时间 C_{93}	0.004	5.505	0.077
学习与成长 A_3	0.12	应对方式 B_{10}	0.007	应对措施 C_{101}	0.002	5.473	0.076
				物资征用要求 C_{102}	0.002	5.484	0.076
				对影响较严重对象的处置 C_{103}	0.002	5.484	0.076
		应对的决策能力 B_{11}	0.068	人员保障 C_{111}	0.023	5.376	0.075
				应急管理文件落实 C_{112}	0.023	5.398	0.076
				部门规章制度 C_{113}	0.023	5.366	0.075
		药物保障 B_{12}	0.014	药物储备 C_{121}	0.004	5.602	0.062
				药物供应 C_{122}	0.004	5.710	0.061
				药物调用 C_{123}	0.004	5.473	0.057
				药物运输 C_{124}	0.004	5.720	0.061
		事件的及时评估 B_{13}	0.031	评估报告的编制 C_{131}	0.016	5.548	0.187
				整改措施落实情况 C_{132}	0.016	5.537	0.173

续表

一级指标	一级指标最终权重	二级指标	二级指标最终权重	三级指标	三级指标最终权重	问卷平均分	最终得分
政府业绩 A_4	00.30	组织制度的完善 B_{14}	0.138	恢复补救情况 C_{141}	0.046	5.355	0.113
				部门对恢复重建政策落实 C_{142}	0.046	5.537	0.117
				公民对恢复重建政策落实 C_{143}	0.046	5.677	0.127
		应急管理过程 B_{15}	0.126	应急信息传播速度感知程度 C_{151}	0.042	5.505	0.448
				事件处理感知度 C_{152}	0.042	5.602	0.463
				损失补偿情况 C_{153}	0.042	5.473	0.442
		应急补救 B_{16}	0.036	补偿方案 C_{161}	0.012	5.602	0.194
				补偿方案落实情况 C_{162}	0.012	5.311	0.164
				补贴款的到位程度 C_{163}	0.012	5.420	0.061
最终得分							5.094

注：依据调研数据统计而得。

表6-9 N市突发性公共卫生事件政府应急管理测评2

一级指标	一级指标最终权重	二级指标	二级指标最终权重	三级指标	三级指标最终权重	问卷平均分	最终得分
政府成本 A_1	00.53	应急指挥系统 B_1	0.212	应急领导小组建设 C_{11}	0.070	6.290	0.440
				应急职能分配 C_{12}	0.070	6.366	0.446
				各部门办公室建设使用 C_{13}	0.070	6.376	0.446
		专项防治工作 B_2	0.0424	应急防治次数 C_{21}	0.021	6.140	0.130
				应急防治范围 C_{22}	0.021	6.172	0.131
		应急预案 B_3	0.0742	应急预案编写 C_{31}	0.017	6.129	0.104
				预案选择 C_{32}	0.017	5.968	0.102
				预案实施 C_{33}	0.017	6.000	0.102

续表

一级指标	一级指标最终权重	二级指标	二级指标最终权重	三级指标	三级指标最终权重	问卷平均分	最终得分
政府成本 A_1	00.53	宣传教育 B_4	0.1325	宣传方式 C_{41}	0.033	6.011	0.198
				宣传内容 C_{42}	0.033	6.215	0.205
				宣传频率 C_{43}	0.033	6.022	0.199
				宣传区域 C_{44}	0.033	5.914	0.195
内部流程 A_2	0.05	人员的储备 B_5	0.007	专业(不同岗位)人员储备 C_{51}	0.004	6.280	0.022
				复合型人才储备 C_{52}	0.004	6.172	0.0216
		应急调用制度 B_6	0.029	物资供应 C_{61}	0.010	6.215	0.060
				物资运输 C_{62}	0.010	6.043	0.059
				物资发放 C_{63}	0.0097	6.022	0.058
		应急协调制度 B_7	0.003	全面协调工作 C_{71}	0.002	6.151	0.009
				实时沟通调整 C_{72}	0.002	6.043	0.009
		信息发布速度 B_8	0.005	信息收集 C_{81}	0.002	6.032	0.010
				信息处理 C_{82}	0.002	6.129	0.010
				信息发布 C_{83}	0.002	6.118	0.010
		处理工作及时 B_9	0.013	部门投入急救所需时间 C_{91}	0.004	6.301	0.027
				指挥中心投入急救所需时间 C_{92}	0.004	6.065	0.026
				应急人员到达现场的时间 C_{93}	0.004	6.086	0.026
学习与成长 A_3	0.12	应对方式 B_{10}	0.0072	应对措施 C_{101}	0.002	6.172	0.015
				物资征用要求 C_{102}	0.002	6.118	0.015
				对影响较严重对象的处置 C_{103}	0.002	6.161	0.015
		应对的决策能力 B_{11}	0.068	人员保障 C_{111}	0.023	6.129	0.142
				应急管理文件落实 C_{112}	0.023	6.226	0.141
				部门规章制度 C_{113}	0.023	6.086	0.143

续表

一级指标	一级指标最终权重	二级指标	二级指标最终权重	三级指标	三级指标最终权重	问卷平均分	最终得分
学习与成长 A_3	0.12	药物保障 B_{12}	0.0144	药物储备 C_{121}	0.004	6.172	0.022
				药物供应 C_{122}	0.004	6.204	0.022
				药物调用 C_{123}	0.004	6.226	0.022
				药物运输 C_{124}	0.004	6.118	0.022
		事件的及时评估 B_{13}	0.0312	评估报告的编制 C_{131}	0.016	6.129	0.095
				整改措施落实情况 C_{132}	0.016	6.064	0.096
政府业绩 A_4	00.30	组织制度的完善 B_{14}	0.138	恢复补救情况 C_{141}	0.046	6.032	0.279
				部门对恢复重建政策落实 C_{142}	0.046	6.022	0.278
				公民对恢复重建政策落实 C_{143}	0.046	6.108	0.277
		应急管理过程 B_{15}	0.126	应急信息传播速度感知程度 C_{151}	0.042	6.032	0.257
				事件处理感知度 C_{152}	0.042	6.086	0.253
				损失补偿情况 C_{153}	0.042	6.366	0.256
		应急补救 B_{16}	0.036	补偿方案 C_{161}	0.012	6.097	0.076
				补偿方案落实情况 C_{162}	0.012	6.065	0.073
				补贴款的到位程度 C_{163}	0.012	6.054	0.073
最终得分							5.619

注：依据调研数据计算而得。

提高应急管理能力，是保证相关利益方生命和财产的必然要求，也是促进地方稳定发展的需要。从表6-8、表6-9可以看出N市政府在应对突发性公共卫生事件时，第二次的整体应急管理分值5.620分较第一次的5.090分测评的结果有所上升，这一结果说明N市应急服务的综合能力接近中等水平，疫情应急管理过程中表现出较好的分工与协作，但还是存在提升的空间。总体应急成绩的水平主要取决于分指标的成绩情况。因此，作者对每一分指标作比较分析，具体分析结果表现在以下方面。

在政府成本方面。表6-9的数值与表6-8的数值比较显示，第二次指标测量每一指标的数值都有所上升，依据这一比较结果可以看出，政府成本方面的工作都存在提升的空间。除此之外，某些指标的平均值相对于其他指标的均值较低，如应急预案中的预案选择，虽然第二次测评时其均值为5.968分，高于第一次的5.538分，但其均值仍未达到6分。与此相似，宣传教育指标中的宣传区域平均分的分值虽较以前有所提高，但与其他指标相比仍然较低，说明政府在预案选择和宣传教育方面的工作相对薄弱。需在以后的应急管理工作中加大预案选择和宣传教育方面的投入力度，使公众意识到存在的疫情问题，从而减少事件带来的损失。

内部流程方面。通过表6-9与表6-8的比较分析可以看出，虽然第二次所测得的结果与第一次相比，相差不是太大，但是第二次分指标测得结果较第一次高。这一结果说明内部流程分指标的工作也存在提升空间。另外，在应急调用制度中物资运输、物资发放的均值较低，分别为6.043分、6.022分，虽与第一次的结果相比有所提升，但是该值在此阶段仍然低于其他值；与此相似的是在应急协调制度中实时沟通调整的分值与物资运输的均值相同，较第一次测评时的分值上升了0.505分，但是其值较全面协调工作相对较低；依据实际的情况来看，应急管理过程中，资源的调配已不是最主要的问题，但是如何将物资管理好、运输好、发放好以及运输之前如何去协调沟通成了应急管理的核心问题。除此之外，信息发布速度中信息收集两次均值都不是很高，第二次虽然达到了6.032分，但在信息发布速度的三个指标中均值也处于相对较低水平，说明应急管理过程中 N 市信息发布存在不足，究其原因可能是在信息收集的过程中遇到了农户不愿报告的情况，导致获得信息的时间延误所致。

政府学习与成长方面。 通过表 6-9 与表 6-8 的比较结果可以看出，每一分指标的测算结果，第二次总体都比第一次有所上升，学习和成长方面的分指标在现实的实施过程中都存在可提升的空间。从表中的结果比较还可以看出，应对决策能力中部门规章制度的均值第一次测算时只有 5.366 分，虽然第二次测算的值达到了 6.086 分，但与其他指标相比仍较低。与此相似，在事件评估及时性中的整改措施落实情况的均值也较低，为 6.064 分，说明 N 市在应急管理的政府学习和成长中的决策能力以及对事件的及时评估上与其他指标相比还比较弱。

政府业绩方面。 通过表 6-9 与表 6-8 的比较结果可以看出，与以上其他三个一级指标的结果相似，其三级分指标值的第二次结果都较第一次的测量值有所提升，说明在政府业绩方面三级指标的现实工作都有上升的空间。除此之外，在组织制度完善中，恢复补救情况的平均值第一次测算时只有 5.355 分，是几个指标中均值较低的指标。在第二次测算时其值与其他指标相比仍处于较弱的水平，只有 6.032 分，说明在应急管理事后处理方面还存在着不足。与此相似，部门对恢复重建政策落实的指标均值也稍低于其他指标，在应急管理过程中信息传播速度感知程度的均值与第一次测算的 5.505 分相比，虽说有所上升但也仍然较低，只有 6.032 分，究其原因可能是没有制定权责明晰的应急反应机制。

综上所述，目前 N 市政府应急管理的综合能力接近于中等水平（两次测评结果都处于 6 以下），且部分分指标在实际工作中都有待提升，因为通过两次结果的测评比较，虽然各指标结果相差不是太大，但是第二次测量的结果都较第一次的有所提高。

6.4 本章小结

　　本章研究主要分为两个部分，第一部分简单地对本书所使用的方法以及在政府应急管理绩效评估中的可行性进行简单介绍。第二部分在第五章N市应急管理体制介绍的基础上通过改进后的平衡计分卡模型从政府成本、内部流程、政府学习与成长以及政府业绩四个维度对应急管理政府自身主体部门进行绩效测评。测算出政府应急管理总的绩效成绩，并就相关的指标得分进行分析说明。

　　在第三章中的理论分析框架中已经指出，政府应急管理绩效的总体情况主要受政府自身主体部分和农户客体部分两方面的影响，因此本章分析意义在于用数据证明理论分析框架的严谨性，即政府成本、政府内部流程、政府学习与成长以及政府业绩四维度中的三级指标对政府自身绩效的影响。

　　通过指标权重和调研数据测算分析得出，N市政府整体的应急管理绩效两次测评接近于中等水平；调研数据的统计结果比较表明，N市整体应急工作还存在提升的空间，**尤其是应急预案、宣传区域、物资运输、物资发放、协调工作、实时沟通调整、信息收集、部门规章制度、整改措施落实情况、恢复补救情况、恢复重建政策落实、信息传播速度感知程度等方面仍存在较大的提升空间。**

第7章 N市农户客体部分政府应急绩效测评实证研究

第6章讨论了政府主体部门对政府应急管理整体绩效的影响，本章将进一步分析政府应急管理农户客体感知度（政府应急客体方面的绩效）的影响因素。在突发疫情应急管理过程中，农户感知度越高则越利于政策的有效推行与持续发展。如何提高农户的感知度已成为应对突发性事件的核心问题。因此，本章将在第5章N市禽流感应急机制研究的基础上，从农户的角度出发研究应急管理中政府实际应急管理质量、农户对应急管理的期望对农户感知度的影响。

本章的结构安排如下：第一部分为本章所用研究方法的介绍，主要依据研究的需要对结构方程模型进行简单介绍，在原有模型的基础上做出适当的改进，并设定本章研究的理论模型以及变量的选取。第二部分为本章研究问卷的设计、样本数据的来源以及样本特征的描述性统计分析。第三部分为实证分析，内容主要包含（1）政府在事前预防、事中应对和事后补救三个阶段的应急质量对农户感知度的差异化影响分析，把政府在事前、事中和事后三个阶段的应急处理措施作为独立的潜变量对农户感知度进行测评，分析不同应急阶段对感知度测评产生的差异。（2）对农户在事前预防、事中应对和事后补救"三个阶段对政府部门应急管理措施的期望和自身感知度之间的关系进行分析，把农户在事前、事中和事后三个阶段对应急管理措施的期望作为独立的潜变量对农户的感知度进行测评，分析不同类别和不同阶段应急管理措施期望对感知度测评产生的差异。（3）对政府应急管理质量与农户期望质量之间的影响进行分析，分析不同阶段下应急管理措施对农户应急管理期望的影响程度。（4）为了使实证检验的结果更加合理，本书对农户特征在政府应急管理质量、农户期望质量以及农户感知度三者间关系的验证上是否存在调节作用进行了分组讨论。第四部分是模型估计结果与分析。第五部分为本章小结。

7.1 结构方程模型相关介绍

结构方程模型是基于统计分析技术的一种研究方法，通常用于处理复杂的多变量数据分析。该模型对"因子分析"和"路径分析"两大统计分析主流技术进行有效的整合，且建模过程是一个动态的、不断修改的过程，能够依据变量与变量之间所存在的结构，判断研究所构建理论模型的结构关系以及所提出的假说是否存在合理性，在此基础上依据以往的经验对模型进行拟合并不断地对模型的结构进行调整，直到最终得到一个合理的且能够与事实相符的模型。

7.1.1 结构方程模型（SEM）理论介绍

结构方程模型最早用于计量经济学、计量社会学与计量心理学等学科领域，最近十多年来，已成为一种主要的线性统计建模技术。20世纪80年代，结构方程模型这一新型的数据分析技术被称为统计学分析的三大进展之一。目前这一研究方法得到越来越多研究者的青睐，运用该方法的各研究领域也越来越广泛，尤其在社会科学研究、经济学研究以及管理学研究的过程中，时常遇到处理多个原因和结果之间的路径与影响关系，或者一些潜在的变量且这些潜在的变量通常不能够被观测到，一些传统的统计方法来解决这些问题不是很好的选择且也不能够较好地解决这些问题。结构方程模型于20世纪70年代末由约雷斯科格（Jöreskog）

和索尔博姆（Sörbom）提出，它主要用于对显变量和潜变量的关系进行探讨的一种多元统计分析方法，属于高等统计学中的多元统计（multivariate statistics），是用来处理多变量间路径关系的定量模型，主要由验证性因子分析（CFA）和路径分析（path analysis）两种分析方法结合而成，同时也是对其他一些因子分析和路径分析、多元回归以及方差分析等统计方法的一种综合运用和改进，最终能够通过对潜变量之间的关系分析从而实现对多变量数据之间的复杂关系分析与研究。因为结构方程模型是一种验证理论模型（假设模型）的适配性的统计技术，与传统的统计方式相比它具有以下特点：（1）不存在严格的假定条件，所以因变量和自变量之间允许存在着测量上的一定误差。（2）能够处理变量内生性问题。（3）能够较为准确地估算出变量与变量间的路径关系。（4）能够计算出变量的直接效应，还能够推导出变量的间接效应和总的效应。（5）能够在检验理论模型的同时，也检验实证分析时所提出的假设。

7.1.2 结构方程模型的构成

完整的结构方程模型主要由测量模型和结构模型两部分所组成，测量模型（measurement model），主要反应的是观察变量与潜变量关系的模型；结构模型（structural model），主要描述潜变量（不能准确和直接测量的变量）之间的关系。具体的模型运算公式如下：

（1）测量模型：观测变量与潜变量的关系

$$X = \Lambda x \xi + \delta \tag{7-1}$$

$$Y = \Lambda y \eta + \varepsilon \tag{7-2}$$

需要说明的是，在式（7-1）、式（7-2）中的 x 表示外源指标向量；y 表示内生指标向量；ξ 指外源潜变量，η 指内生的潜变量，Λx 指外源指标 X 在外源潜变量 ξ 上所表示出的因子负荷矩阵；Λy 主要指的是内生指标 Y 在内生潜变量 η 上所表示出的因子负荷矩阵。其中式（7-1）中的 δ、式（7-2）中的 ε 分别代表外源指标 X 和内生指标 Y 的误差项。

（2）结构模型

$$\eta = B\eta + \Gamma\xi + \zeta \tag{7-3}$$

式（7-3）中，B 主要指的是内生潜变量间的一种关系，Γ 主要指的是外源变量对内生潜变量所产生的影响，ζ 指结构方程中的残差项，用来反映 η 在结构方程中未能够被解释的部分。

7.1.3　结构方程建模的假说

结构方程模型使用时需满足以下假说：

（1）用来测量结构方程的误差项的均值为零；

（2）结构方程中残差项的均值也为零；

（3）结构方程中的误差项和因子不存在相关性，且误差项间也不相关；

（4）残差项 ζ 与 ξ、ε、δ 不相关。

除了 Λ_x、Λ_y、B 和 Γ 这 4 个矩阵，结构方程完整情况还应包括 Φ、Ψ、$\Theta\varepsilon$、$\Theta\delta$，其中 Φ 代表的是潜在的变量 ξ 的一个协方差矩阵，Ψ 代表的是残差项 ζ 的一个协方差矩阵，其余的 $\Theta\varepsilon$、$\Theta\delta$ 分别代表误差项 ε 和 δ 的协方差矩阵。

为了能够得到所有指标组成的向量（y'，x'）的协方差矩阵，可以首先求 Y、X 之间单独的协方差矩阵。

$X = \Lambda x\xi + \delta$ 中假设的潜变量是中心化的，所以 $\Phi = E(\xi\xi')$；两边求协方差可得

$$\begin{aligned}
\Phi &= E(\Lambda x\xi + \delta)(\xi'\Lambda x' + \delta') \\
&= \Lambda x E(\xi\xi')\Lambda x' + E(\delta\delta') \\
&= \Lambda x \Phi \Lambda x' + \Theta\delta
\end{aligned} \tag{7-4}$$

所以 x 的协方差矩阵为

$$\Sigma xx\,(\,\theta\,)=\Lambda x\Phi\Lambda x' + \Theta\delta \tag{7-5}$$

y 的协方差矩阵为

$$\Sigma yy\,(\,\theta\,)=\Lambda y\Sigma\,(\,\eta\eta'\,)\,\Lambda y + \Theta\varepsilon \tag{7-6}$$

将 $\eta = B\eta + \Gamma\xi + \zeta$ 变形为

$$\eta=(\,I{-}B\,)^{-1}\,(\,\Gamma\xi+\zeta\,)\ \ \eta=\tilde{B}\,(\,\Gamma\xi+\zeta\,) \tag{7-7}$$

其中 $\tilde{B}=(\,I{-}B\,)^{-1}$，隐含着模型的一个假设 $(\,I{-}B\,)$ 是可逆矩阵。

由该式可以求得

$$E\,(\,\eta\eta'\,)=\tilde{B}\,(\,\Gamma\Phi\Gamma'\xi+\Psi\,)\,\tilde{B}' \tag{7-8}$$

代入 $\Sigma yy\,(\,\theta\,)=\Lambda y\Sigma\,(\,\eta\eta'\,)\,\Lambda y + \Theta\varepsilon$，

y 与 x 的协方差矩阵为

$$\begin{aligned}
\Sigma yx\,(\,\theta\,) &= E\,(\,yx'\,) \\
&= E\,[\,(\,\Lambda y\eta + \varepsilon\,)\,(\,\xi'\Lambda x' + \delta'\,)\,] \\
&= \Lambda y E\,(\,\eta\xi'\,)\,\Lambda' \\
&= \Lambda_y\tilde{B}\Gamma\Phi\Lambda_x'
\end{aligned} \tag{7-9}$$

所以 $(\,y',\ x'\,)$ 的协方差矩阵可以表示为参数矩阵的函数

$$\Sigma\,(\,\theta\,)=\begin{pmatrix} \Sigma yy(\theta)\ \Sigma yx(\theta) \\ \Sigma xy(\theta)\ \Sigma xx(\theta) \end{pmatrix} \tag{7-10}$$

$$=\begin{pmatrix} \Lambda y\tilde{B}\,(\,\Gamma\Phi\Gamma' + \Psi\,)\,\tilde{B}`\Lambda y`\ +\Theta_\delta\Lambda y\tilde{B}\Gamma\Phi\Lambda x` \\ \Lambda x\Phi\Gamma`\tilde{B}`\Lambda y`\ \Lambda x\Phi\Lambda x' + \Theta_\delta \end{pmatrix}$$

结构方程模型中，最基本的假设就是结构方程总体协方差矩阵与 $\Sigma\,(\,\theta\,)$ 相等，即表示为 $\Sigma{=}\Sigma\,(\,\theta\,)$，从而内生变量与外源变量指标值的方差与协方差都是结构方程模型的参数函数，在分析具体的模型时，其主要问题是研究模型与现实所获得的数据是否可以拟合。

7.1.4 结构方程具体的分析步骤

应用结构方程模型对研究内容进行实证分析时，主要按照：初始模型的构建、问卷的设计和数据收集、模型的识别与估计，以及模型解释和结果分析这四个步骤，对每一步骤的解释说明具体如下。

初始模型的构建。这是结构方程运用的第一步，就本书来说主要依据相关研究理论成果和实地调查，将影响政府应急管理绩效评估的相关因素，组合成一组方程式，从而能够确定这些影响因素之间的逻辑关系，以及每个潜在变量所需测量的方程。基于此，可以构建出本书研究所需结构方程模型的总体框架，并就研究的框架提出相关假设。

问卷的设计和数据收集。根据步骤一所构建的初始结构方程模型以及提出的相关假设，问卷在问题项的设置上主要运用李克特（Liketer）七级量表，并依据问卷搜集出研究所需要的数据，因为研究所选用的模型是结构方程，且设计的变量都是潜变量，因此在运用结构方程模型前需要进行内容效度、构建效度方面的效度检验和信度检验。

描述性统计分析。运用结构方程前需对研究的样本情况进行描述性统计分析，通过对测量指标中的变量进行描述统计分析，求出其中各观测变量的平均值、标准差以及偏度值和峰度值。对结构方程进行参数估计时运用最大似然法进行估计，运用该方法，样本所使用的数据必须符合正态分布这一前提条件。通常情况下偏度的绝对值需要小于3，峰度的绝对值需要小于10，这样才能表示样本使用的数据符合正态分布。为了确保调研获得的数据具有较高的可靠性以及研究假说检验具有有效性，还需要对收集到的研究样本进行信度的分析。

信度的分析。信度是用来对量表的可靠性以及稳定性程度进行检验的一个重要指标。通常情况下采用克朗巴赫系数（Cronbach's α）对量表进行检验得出潜变量的信度。因此，本书的信度分析也采用常用的克朗巴赫系数对问卷的信度做出分析，被测问卷的结果显示出 α 系数值越大，则本书设计的问卷信度越高。α 系数值与问卷信度之间的关系如表7-1所示。

表7-1 α 系数与问卷信度关系表

克朗巴赫系数值	问卷信度
$\alpha > 0.9$	问卷信度很高
$0.8 < \alpha < 0.9$	问卷信度相当好
$0.7 < \alpha < 0.8$	问卷信度较好
$0.6 < \alpha < 0.7$	问卷信度可以接受

为确保各题项的可靠性和稳定性，在研究中需对数据的各变量进行相关信度分析，以便确定各被测量题项具有可靠性和稳定性，与对问卷总体信度的检验相似，题项可靠性和稳定性的检验也采用常用的 α 系数值检验，同时需要利用项目和总体相关系数来对各维度的变量进行纯化。徐万里（2008）的研究结果显示，当所有题项的CITC值均大于0.4时，若删除其中任何一题项时 α 系数将有所下降，则所有题项均为通过检验，应该予以保留。本章研究主要以徐万里（2008）的标准作为研究参照，即当题项中的CITC值需要均大于0.4时，如若小于0.4，为了提高 α 系数，则删除该题项。

效度的分析。效度分析主要指在对量表进行测量时，是否能够表示出它被测量所需的特征程度，抑或可表示为实证测量值在多大程度上反映了概念的真实含义。效度分析可以分为两部分：即内容效度和结构效度两部分。内容效度表示的是测量的题项是否具有适当性和代表性，即被测量的问题是否能够在一定程度上代表所要测量的内容，达到测量最终的目的。通常情况下问卷的设计都是基于前人的研究而进行相关设计，所以能够认为问卷在内容效度上比较好。结构效度主要指被测量量表能够在多大的程度上验证所编制量表的理论特质。在实证检验中如果能够对所获得的样本数据进行相关因子分析，那么此样本数据结构效度较好，在进行因子分析前需要对巴特利特（Bartlett）球体进行检验即KMO样本的测度，用以检验各衡量问题项之间具有相关性的可能，当相关性较高时，才适合做因子分析。

模型的识别与估计。模型的识别与估计是指对实证所建立模型中的参数进行相关的估计，并确定估计值是否可以求出参数估计的唯一解。在常用的几种不同参数估计法中使用最多的为最大似然估计法，通过此方法后所取得的参数估计值，则需要对模型与数据所进行拟合的情况进行评价，通过一系列的方法最终使模型的拟合程度达到最高。

关于模型适配度的评价，不同的人有不同的主张。Bagozzi 和 Yi（1988）的观点较全面，认为测量假设模型与实际数据的契合度须从三个方面同时进行，需考虑基本适配度指标（preliminary fit criteria）、整体模型适配度指标（overall model fit）以及模型中内在所包含的结构拟合优度。本书以整体模型适配度指标评估的方式为参考。

在整体模型适配度的检验中：绝对适配统计量是表示整体模型可以预测样本协方差矩阵的多少，主要通过卡方统计值、拟合优度指标（GFI）、平均残差平方根（RMSR）、近似误差的均方根（RMSEA）、调整的拟合优度指数（AGFI）等指标来衡量，其中GFI、AGFI大于0.8，RMSR 和 RMSEA低于0.08为经验理想数值。增量适配统计量是一种比较性适配指标，该指标的典型应用是基准线模型（baseline model）。一般将待检验的假说理论模型和基准线模型的适配度相互比较，用以判别模型的契合程度。衡量的指标主要包括有规准适配指数（NFI）、相对适配指数（RFI）、增值适配指数（IFI）、非规准适配指数（TFI）和比较适配指数（CFI）等。简约适配统计量用于需要调整模型的适配度指标，最终获得决定每个估计系数的适配程度，一般情况下主要通过简约适配度指数、简约基准拟合指数（PNFI）、临界样本数（CN值）和NC值（卡方值与自由度比值）等来衡量，在实证检验拟合优度分析过程中，通常以绝对适配统计量和增量适配统计量所衡量的指标的拟合度来进行。

模型解释和结果分析。经过对结构方程模型总体的分析后，可以获得每个潜变量与潜变量间的路径系数潜变量与指标间的因子负荷值；从而可以计算出结构变量间的三种效应（直接、间接以及总的），最后根据研究中提出的相关理论模型和假说对所检测的结果进行解释。

7.2 数据来源及样本特征

7.2.1 问卷设计及数据来源

本书的数据来源有两方面，一方面，通过发放标准化的调查问卷，收集农户对基层政府的评价；另一方面，对问卷设计中可能就应急机制存在的一些细节、没有注意的地方进行提问，获得答案。调查问卷的内容主要围绕农户对政府应急服务的感知度进行设计，为了使调查问卷具有现实的可操作性，请求问卷填写人员在预调查问卷的基础上提出修改意见，并对我国突发性公共卫生事件应急管理工作人员以及专家进行访谈。基于问卷调查和专家访谈结果，对预测试问卷进行修改。最后，结合实地调研的情况以及专家访谈的意见确定本书的问卷。

有学者认为问卷的设计要方便被调研者答题，同时需调动答题者兴趣，一般情况下将不易答的或者涉及隐私的敏感问题放置于问卷的末尾部分。因此，本书的调查问卷分为两个部分，第一部分是对政府部门绩效评估指标体系的设计，问题项的设计分为三个等级指标，主要参考闫振宇（2012）、祝江斌（2014）、陈原（2013）、焦李然（2014）等文献中的调查问卷，并结合 N 市政府应急服务实际的机制而设计。同样从事前、事中和事后三个阶段对政府提供的应急服务进行描述；第二部分为样本的个人特征，包括性别、年龄、文化程度等5个问题项。问题项的测试均以李克特七级量表的形式体现，要求被调研者根据实际的情况对这些措施进行判断。

本章实证研究所需的数据主要由两个方面组成，即显变量数据和潜变量数据两部分，其中显变量数据主要通过实地的调研所获得，潜变量数据可以通过因子分析和显变量的值加总求平均数这两种方法，现实的测算中后者所用的频率较多，因此本书潜变量的获得也采用后者这一方法，具体说明如下，在突发性公共事件的应急管理环节中政府应急质量的测量，主要通过事前（Y_1）、事中（Y_2）、事后（Y_3）三阶段的应急质量的值求和、算平均数来进行评估，其中事前预防管理、事中应对管理、事后补救管理主要通过七个事前显变量、六个事中显变量、五个事后显变量的值分别加总求和平均而得。同样农户期望质量的测量也主要通过事前（YQ_1）、事中（YQ_2）、事后（YQ_3）三阶段的期望质量分别求和、算平均数来进行测量，其中事前期望质量、事中期望质量、事后期望质量通过七个事前显变量、六个事中显变量、五个事后显变量的值分别求平均数而得。对农户感知度的测量，通过农户对事前（YS_1）、事中（YS_2）、事后（YS_3）三阶段的感知分别加总求和算平均数而得。

7.2.2 问卷指标设计说明

在本章调查问卷指标设计阶段，对指标选取主要依据本书所提出的研究假设、相关文献研究，以及对专家、农户的访谈和国内外问卷设计的方法，而最终设定测量指标，本节主要对测量所设指标进行详细阐释。

（1）预防准备阶段

组织机构建设。在重大突发性公共卫生事件发生之前，存在专门的应急管理机构和完善的组织体系是政府部门有效应对的首要前提。随着社会的发展，公共卫生事件的发生呈现多样性的特征，通常情况下危机事件与周围的环境存在着密切的相关性，且暴发时也会变得相当的复杂和难以处理，这就需要多部门参与到公共卫生事件的处理中。由于存在等级制度，且各部门的职责也存在不同，这些将在一定程度上增加政府应对公共卫生事件的管理成本。此时，协调制度在应对公共卫生事件的过程中起着核心的作用，是制约应急资源配置和应急管理能力发挥的重要因素，可以使应急管理工作有章可循，最终高效地实现应急管理所要达到的目的。因此，常设专门的应对组织机构和组织体系来降低公共卫生事件的应对成本显得尤为重要。鉴于此，本书将应急组织机构的建设、协调组织建设作为衡量政府应对公共卫生事件在事前预防准备阶段绩效评价的指标。

事前防疫。 事前的统一防疫可以有效避免外来的疫病，如新城疫、禽流感、传染性支气管炎、传染性法氏囊病、曲霉菌病、大肠杆菌病、败血支原体病、鸡球虫病、维生素 E 缺乏症等疾病，能够有效地降低养殖户的养殖风险，并且提高养殖户质量安全的水平，确保产量不降低。换句话说，养殖户对统一防疫的采用度越高，感知度越高。

闫振宇（2012）认为，突发性动物疫病的应急管理工作是一个复杂的过程，不仅在应对的过程中需要快速调动和协调好相关部门的工作人员，还需在平时对动物做好防疫工作。我国的《动物防疫法》《进出境动植物检疫法》《重大动物疫情应急条例》《动物疫情报告管理办法》等一系列相关法律法规的制定，为我国重大动物疫情应急管理工作的开展奠定了法制基础。2005年起我国推行了新型的兽医体制，对兽医方面的技术支持体系、行政管理、执法以及动物防疫等机构的建设进行了全面改革。与此同时，农业农村部兽医局每年会根据《动物防疫法》制定相应的防疫计划方案，做好动物防疫工作。鉴于此，本书将防疫工作作为衡量政府应对公共卫生事件处理在事前预防阶段的绩效评价指标。

预案设置。从字面意义上可以理解为预先设定的行动方案，即事发前制定的一系列应急反应措施。在方案的设定过程中需明确在应急机制中各职能部门及其人员的具体职责、采取的工作措施以及应对过程中相互之间的协调关系，确保可以最大限度上减少突发事件带来的损失。

在预案设置方面，国外一些国家的设置经验值得借鉴，如耿大立（2008）指出，美国是一个非常注重疫情监测的国家，具有发达的疫情监测体系，且每个州都有专门的兽医诊断室，每年可以检测大量的样品病料，掌握各州各种动物疫病的发生、流行以及控制情况，以此来预防疫情的发生。此外，在疫情发生的第一时间内让公众得知信息，使其配合政府相关部门及时采取应对措施，控制疫情的恶性发展也非常重要。王功民（2007）认为，这方面美国的做法主要是平时加强对公众尤其是养殖户的宣传教育，并向公众发放有重大动物疫病危害、临床症状以及报告方法和热线电话等信息的警示卡，力求增加公众对疫病的了解，使其一旦发现疑似疫情便可及时与相关部门取得联系，把疫情控制在最早时期。鉴于以上美国的成功经验，本书将预案编制、宣传教育系统建设作为衡量政府应对公共卫生事件在灾前预防阶段的绩效评价指标。

资源储备。本书中所指的资源储备主要指人力资源和疫情前的物质资源储备两个方面。在疫情应对过程中，一方面，需要大量的专业技术人员，来为政府部门的应对体系提供专业的支持，专业技术人员不仅指兽医人员，还包括预警人员、流行疫情调查人员、实验人员以及信息发布人员等，这些专业的人员在疫情发生时运用专业知识来进行监测、调查研究、信息发布、现场救援等工作。因此，在疫情暴发之前政府部门需要做好专业技术人员的储备工作，定期对这些专门的技术人员进行培训，使其熟练掌握使用专业设备的方法，以便提高在疫情暴发时应对的效率，能够进一步为控制疫情发展做好准备。另一方面，需要提供应急物资的支持，应急物资是疫情应对中的物质保障，包括医疗器材、药物、消毒品资源等，这些物质资源的准备为政府部门应急行为的顺利进行提供了强大的支持。我国的相关法律和条例如《传染病防治法》《突发公共卫生事件应急条例》中规定国家政府部门应建立健全公共卫生事件应对中相关物资的储备制度，并由县级以上人民政府做好应急物资的管理工作，以备应急所需。鉴于以上的分析，本书将专业技术人员的储备、应急物资的储备视为政府部门疫情应对绩效评估中的衡量指标。

（2）应对阶段

在重大动物疫情应对的过程中，政府部门需要快速地做出应急决策，第一时间内发布疫情信息、调配物资、组织人员进行应急处理，控制疫情的进一步扩散，将损失降至最低。具体地说政府部门在疫情应对阶段应具备信息发布、应对及时、应对有效、资源供给充足等能力。

资源供给能力。资源的供给能力主要指在疫情应对过程中，政府部门能够及时地向疫区提供人力资源、物质资源和信息资源，进行应急处理控制疫情的传播速度的能力。祝江斌（2014）指出，自非典事件后国家政府部门在疫情应对设施的准备上加大了投入，由此可见，以政府医疗资源为主的物质资源供给能力大大提高。但是在应对传染性疫情的过程中，对于社会公众尤其农户来说，更多的是需要疫情应对中的相关信息资源的供给，我国《突发公共卫生事件应急条例》第二十五条明确规定国家建立突发事件的信息发布制度。国务院卫生行政主管部门负责向社会发布突发事件的信息。必要时，可以授权省、自治区、直辖市人民政府卫生行政主管部门向社会发布本行政区域内突发事件的信息。信息发布应当及时、准确、全面。因此，信息资源的供给在一定程度上成为政府部门应对疫情过程中绩效评估的重要考核指标。总的来说，不管是物质资源的供给还是信息资源的供给都依靠人力资源的供给支持。所以，人力资源的供给成为政府部门应对疫情过程中绩效评估的重要考核指标。

决策能力及应对方式。重大公共卫生事件发生时，需要政府根据应急处理的最终目标在第一时间内制定出应急处理的决策方案，来协调各种资源和技术以减少公共卫生事件所引起的不确定性和影响。应急决策是由多个部门和卫生方面专家共同参与的协同组织决策活动，决策的最终目的是采用有效的应对方式，及时控制好疫情，最大限度地降低疫情带来的损失。鉴于此，本书选取政府在应对重大公共卫生事件过程中的应急决策能力、应对及时性以及应对疫情的方式来作为衡量政府部门应对疫情事件过程中指标。

（3）补救阶段

动物疫情进入后期的补救和重建阶段时，政府部门的主要工作是按照相关法律程序，补偿因动物疫情扑灭工作而遭受损失的生产者，并尽快制定重新恢复生产的相关规定以及对疫情应对的整个过程进行评价总结，进一步完善恢复重建机制。在事后补救阶段需要政府部门具备评估能力，进行经验总结，分析应对过程中的不足之处，以便在疫情再次发生时更有效地应对。灾后的补偿和建立合理的补偿标准也是政府能否在疫情解除后进行有效管理的重要方面。《突发事件应对法》第六十一条明确规定：受突发事件影响地区的人民政府应当根据本地区遭受损失的情况，制定救助、补偿、抚慰、抚恤、安置等善后工作计划并组织实施。鉴于此，本书将政府补偿、补偿的标准、组织培训等作为衡量政府部门应对疫情灾后补救阶段的绩效评估指标。

依据本节以上对测量指标内容的分析，具体的测量指标设计见附录2。

7.2.3　样本特征描述

调研主要以N市的四个区域为主，总计发放问卷560份，收回问卷

520份，回收率92.86%。剔除其中部分无效问卷，用于数据分析的有效样本为498份，有效样本率为95.76%。对有效问卷中被调查者的性别、年龄、受教育程度等基本信息进行统计分析可知，其具体特征情况主要呈现出以下几个特点。

（1）在被调查者的样本中，女性占43.17%，男性占56.83%，男性稍多于女性。

（2）被调研者的平均受教育年限约为12.79年，样本分布区间为0～16年。其中受教育水平大专及以下所占的比例稍低于大专以上的人数，占总样本的比例约为47.19%，大专及以上占总调查样本的52.81%。虽说大专以下的人数较少于大专以上的人数，但是调研过程中发现初中毕业人数占总样本的22.9%。因此，可知本次样本大部分人能较好地理解样本的内容。

（3）从调研的数据来看，被调研者的年龄分布在40岁以上的有210人，占样本总量的42.17%，40岁以下的288人，占样本量的57.83%，较40岁以上的养殖户多15.66%，这表明了养殖户年龄大多集中在40岁以下。

（4）在月收入情况的调研上，样本数据显示月收入在4500元以下（含4500元）的人数占比较多，约有273人，占样本总数的54.82%；月收入在4500元以上的225人，占总样本数的45.18%。从被调查者的基本信息能够看出，调查样本选择的人群在性别、年龄、受教育程度等方面较为平均，基本能够反映不同年龄层次、教育层次的人群。本次调查的样本特征如表7-2所示。

表7-2　样本统计特征

基本信息		频次/人	百分比/%
性别	男	283	56.83
	女	215	43.17

续表

年龄	40岁（含40岁）以下	288	57.83
	40岁以上	210	42.17
受教育程度	大专及以下	235	47.19
	大专及以上	263	52.81
月收入状况	4500元（含4500元）以下	273	54.82
	4500元以上	225	45.18

注：数据来源调研统计所得。

7.3 实证分析

7.3.1 理论模型的构建

为了解并揭示政府应急能力对农户感知度影响的内在机理，在进行实证分析之前，有必要对政府应对突发性公共卫生事件内在的逻辑关系进行具体的讨论与分析。基于前人的研究和本研究的理论介绍，本章的理论模型可以构建。

早在1936年，迪莫克（Dimock）就提出，"顾客满意标准如能在政府运作过程中得到运用，使行政官员能够像企业管理者那样始终关注最终结果，即顾客满意度，那么政府部门内部行政运作亟待改善服务就不言自明了"。通常情况下，满意度测评的模型是建立在消费心理学和行为学的理论基础之上，同时借助大量统计数据进行反复验证和改善构建而成的一种模型，目前在学界运用最为广泛的是瑞士的SCSB模型、美国的ACSI模型和欧洲的ECSI模型等。其中美国顾客满意度指数（American Customer Satisfaction Index，ACSI）由美国密歇根大学商学院于 1994 年首次提出。随后国内外的一些学者都运用此模型对政府部门相关的绩效评估进行实证研究。Claes Fornell（1996）运用美国顾客满意度指数（ACSI）测量了联邦政府 23 个部门在 1999—2005 年期间满意度的变化趋势及其原因。郑方辉和王珺（2008）对此模型进行了改进并运用了此模型，从地方政府的角度出发设置了评价指标，对广东省地方政府整体绩效评价中的公众满意度进行了调查，得出不同地区的居民对政府绩效的满意程度存在着不同，同时居民的收入与其满意程度呈"倒 U 形"关系。

通常情况下理论模型的构建主要是基于已有文献的整理、分析以及问卷调查的基础，研究的主要是一些变量，探索变量对受灾农户感知度有何影响。因此，本书的模型构建基于美国 ACSI 模型，并结合我国基层政府应急管理的特点进行相应改进，将突发性重大动物疫情事件的管理过程分解为事前、事中、事后三个阶段，实证分析政府在这三个阶段提供的应急管理质量和农户对政府应急管理质量的期望对农户自身感知度的影响。**另外农户感知度也会受到养殖农户个体特征变量（性别、年龄、教育、收入等）的调节作用，同时不同养殖规模的农户对应急管理感知度也可能存有差异，本书将以农户的个体特征变量作为调节变量代入结构方程模型中进行实证检验分析，着重分析不同性别、年龄、教育程度以及不同收入对农户应急管理感知度上的差异。**具体的理论模型如图 7.1 所示。

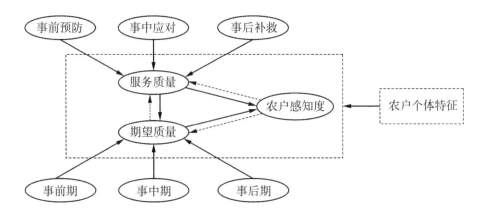

图7.1　基于农户感知度的突发公共卫生事件实证分析理论模型

图7.1中所描述的结构方程模型的回归方程式可表示为

$$\eta_1 = \beta_{12}\eta_2 + \beta_{13}\eta_3 + \zeta_1 \tag{7-4}$$

$$\eta_2 = \gamma_{21}\xi_1 + \gamma_{22}\xi_2 + \gamma_{23}\xi_3 + \zeta_2 \tag{7-5}$$

$$\eta_3 = \gamma_{31}\xi_1 + \gamma_{32}\xi_2 + \gamma_{33}\xi_3 + \zeta_3 \tag{7-6}$$

式（7-4）、式（7-5）、式（7-6）中η_1、η_2、η_3分别表示受灾农户感知度、政府应急管理整体的服务质量、农户对政府应急管理整体质量的期望。$\gamma_{21}\xi_1$、$\gamma_{22}\xi_2$、$\gamma_{23}\xi_3$分别表示事前预防、事中应对、事后补救对内因变量η_2（政府应急管理整体的应急质量）的影响程度。$\gamma_{31}\xi_1$、$\gamma_{32}\xi_2$、$\gamma_{33}\xi_3$分别表示事前预防、事中应对、事后补救对内因变量η_3（农户对政府应急管理整体质量的期望）的影响程度。$\beta_{12}\eta_2$、$\beta_{13}\eta_3$分别表示内因变量η_2（政府整体的应急质量）、η_3（农户对政府应急管理整体质量期望）对内因变量η_1（农户感知度）的影响程度。ζ_1、ζ_2、ζ_3分别表示η_1、η_2、η_3的残差项。

基于上述构建的结构模型，本节拟建立如下测量模型。

内因潜变量η_1（农户感知度）测量模型的回归方程式为

$$Y_{1i} = \beta_{1i}\eta_1 + \varepsilon_{1i}, \ i=1 \tag{7-7}$$

内因潜变量 η_2（政府应急质量）测量模型的回归方程式为

$$Y_{2i} = \beta_{2i}\eta_2 + \varepsilon_{2i}, \ i=1, \ 2, \ 3 \tag{7-8}$$

内因潜变量 η_3（农户对政府期望质量）测量模型的回归方程式为

$$Y_{3i} = \beta_{3i}\eta_3 + \varepsilon_{3i}, \ i=1, \ 2, \ 3 \tag{7-9}$$

内因潜变量 η_{41}（事前预防）测量模型的回归方程式为

$$Y_{41i} = \beta_{41i}\eta_{41} + \varepsilon_{41i}, \ i=1, \ 2, \ 3, \ 4, \ 5, \ 6, \ 7 \tag{7-10}$$

内因潜变量 η_{42}（事中应对）测量模型的回归方程式为

$$Y_{42i} = \beta_{42i}\eta_{42} + \varepsilon_{42i}, \ i=1, \ 2, \ 3, \ 4, \ 5, \ 6 \tag{7-11}$$

内因潜变量 η_{43}（事后补救）测量模型的回归方程式为

$$Y_{43i} = \beta_{43i}\eta_{43} + \varepsilon_{43i}, \ i=1, \ 2, \ 3, \ 4, \ 5 \tag{7-12}$$

内因潜变量 η_{51}（事前预防期望）测量模型的回归方程式为

$$Y_{51i} = \beta_{51i}\eta_{51} + \varepsilon_{51i}, \ i=1, \ 2, \ 3, \ 4, \ 5, \ 6, \ 7 \tag{7-13}$$

内因潜变量 η_{52}（事中应对期望）测量模型的回归方程式为

$$Y_{52i} = \beta_{52i}\eta_{52} + \varepsilon_{52i}, \ i=1, \ 2, \ 3, \ 4, \ 5, \ 6 \tag{7-14}$$

内因潜变量 η_{53}（事后补救期望）测量模型的回归方程式为

$$Y_{53i} = \beta_{53i}\eta_8 + \varepsilon_{53i}, \ i=1, \ 2, \ 3, \ 4, \ 5 \tag{7-15}$$

根据理论模型构建需要对指标进行详细的说明，具体如下。

农户对政府应急质量的感知度的测量方面，由于感知度的测量存在时间上的跨度，因此，存在个体特定经历感知度和累积感知度两种类型的满意度。本书中将累积感知度（事前预防、事中应对、事后补救三阶段政府提供服务质量总感知度）作为衡量农户对政府服务质量的感知度，即农户对政府部门事前预防的感知度、农户对政府部门事中应对过程的感知度和农户对政府部门事后补救的感知度三个指标来衡量整体的感知度。

政府提供的应急质量方面，主要通过从事前的预防、事中的应对以及事后的恢复重建三个指标来进行测量。

事前预防质量方面的测量，主要通过当地政府组建应对突发性公共卫生事件的应急指挥系统、当地政府指定突发性公共卫生事件专项预案，以及公共卫生事件发生前农户养殖密度、宣传教育系统建设、畜舍卫生条件、组织养殖培训和畜药及疫苗的开发七个指标来进行测量。

事中应对质量方面的测量，主要通过公共卫生事件发生时获得信息的速度、兽医水平、政府部门的应对措施、政府部门防疫药物供应、政府部门免疫措施、政府部门的检验措施六个指标来进行测量。

事后补救质量方面的测量，主要通过政府补贴措施、补偿标准、心理疏导、政府部门补贴发放程度和政府部门预防疫情复发相关教育五个指标来进行测量。

农户期望质量方面的测量，主要通过对政府部门事前预防服务的期望、事中应对质量的期望，以及事后恢复重建质量的期望三个指标来进行测量。

事前预防期望的测量，主要通过当地政府组建应急指挥系统建设、专项预案、养殖密度、宣传教育系统建设、畜舍卫生条件、养殖培训和兽药及疫苗的开发七个指标来进行测量。

事中应对期望的测量，主要通过获得信息的速度、兽医水平、政府部门的应对措施、政府部门的免疫措施、政府部门防疫药物供应和政府部门检验检疫措施六个指标来进行测量。

事后补救期望的测量，主要通过政府补贴措施、制定的补偿标准、政府事后提供的心理疏导、政府部门补贴款的发放和政府部门组织预防疫情复发的教育五个期望指标来进行测量。

同时需要说明的是，虽然本书理论模型的框架源于1994年美国的顾客满意度指数（ACSI），但是不同的研究领域、研究方向存在着差异，本书根据我国基层政府提供应急质量的特点对该模型进行了两点相应的改进。第一，在美国顾客满意度模型中，对满意度最终产生影响的因素主要有三部分：顾客对产品的预期、顾客感知的实际质量、顾客感知的实际价值。其中顾客感知到的价值主要是依据固定价格下的质量和固定质量下的价格两个方面做出的衡量，最终产生"再购买"意图。但是，对于为应急管理的政府公共部门来说，政府部门的工作是公共性的，因此本书测量模型的构建中将美国顾客满意度模型中，对顾客满意度产生影响的"感知价值"这一因素去掉。第二，在政府所提供的"应急质量"对农户感知度的影响和农户自身对政府部门应急质量所抱有的期望即"期望质量"两个方面做了改进。

在政府应急管理过程中影响农户感知度的因素主要有两个方面：一方面是政府所提供的"应急质量"对农户感知度的影响；另一方面是农户对政府部门应急管理质量所抱有的"期望质量"。"应急质量"即美国满意度模型中的"顾客感知质量"，即农户在基层政府的应急管理过程中所感受到的工作。本书主要是针对应急管理的内容而设计的应急管理质量的测量因子，如事前预防、事中应对、事后补救等。"期望质量"即美国顾客满意度模型中的"顾客的预期"，主要表示的是农户在享受政府应急管理前对政府供给的一个事前经历和认识，为了与政府提供的应急质量的测量因子对应，对"期望质量"的测量也将通过事前预防措施的期望、事中应对措施的期望和事后恢复措施的期望，三个测量指标来进行测量。

7.3.2　描述性统计分析

为确保本书各个参数估计值的高度稳定性，作者运用 SPSS19.0 统计软件对实证所需的测量指标进行分析，实证模型总计选取了 45 项变量进行研究，其中农户对政府应急质量感知度的测量指标有三个。与此相似，应急质量中政府整体应急质量的测量指标、农户对政府部门整体应急质量所存在期望的测量指标分别都有三个，除此之外政府部门应急管理过程中事前预防准备、事中应对、事后补救的测量指标分别为七个、六个、五个；同样农户对政府部门应急管理过程中事前预防、准备期望、事中应对期望、事后补救期望的测量指标也分别为七个、六个、五个。具体的描述性统计结果如表7-3所示。

表7-3 模型变量的描述性统计

代码	测量题项	均值	中位数	标准差
Y_1	突发性公共卫生事件事前准备质量	5.36	6	1.23
Y_2	突发性公共卫生事件事中应对质量	4.83	5	1.41
Y_3	突发性公共卫生事件事后补救质量	5.26	5	1.16
YS_1	突发性公共卫生事件事前准备的感知度	5.25	5	1.09
YS_2	突发性公共卫生事件事中应对的感知度	5.23	5	1.03
YS_3	突发性公共卫生事件事后应对的感知度	5.19	5	1.07
B_1	当地政府组建应对突发事件的应急指挥系统	5.14	5	1.26
B_2	当地政府制定专项防疫预案	5.28	6	1.19
B_3	政府制定养殖密度规定	4.96	5	1.15
B_4	政府疫情相关宣传教育系统建设	5.01	5	1.19
B_5	政府制定畜舍卫生条件的标准	5.26	6	1.19
B_6	政府、养殖合作或饲料兽药厂组织养殖培训	5.15	5	1.29
B_7	政府开发相关兽药及疫苗的信息	5.16	5	1.30
I_1	疫情发生时信息传播速度	5.31	6	1.24
I_2	疫情处理时兽医水平	5.17	5	1.30
I_3	政府采取疫情控制措施	5.48	6	1.36
I_4	疫情发生时政府采取的紧急免疫措施	5.23	5	1.32
I_5	政府部门防疫药物供应	5.19	5	1.28
I_6	政府检验检疫措施	5.36	6	1.22
A_1	重大疫情后政府补贴措施	5.24	6	1.28
A_2	疫情事件后政府所制定的补偿标准	5.15	5	1.29
A_3	疫情事件后政府提供的心理疏导	4.99	5	1.36

续表

代码	测量题项	均值	中位数	标准差
A_4	疫情事件后政府补贴款发放	5.00	5	1.33
A_5	疫情事件后政府组织预防疫情复发教育	5.00	5	1.47
QY_1	疫情事件发生前服务质量期望	5.37	6	1.23
QY_2	疫情事件应对中服务质量期望	4.28	5	1.41
QY_3	疫情事件应对后服务质量期望	5.26	5	1.16
BQ_1	当地政府组建应对公共卫生事件应急指挥系统期望	5.14	5	1.26
BQ_2	当地政府制定专项预案期望	5.28	6	1.19
BQ_3	政府制定养殖密度规定的期望	4.96	5	1.15
BQ_4	疫情事件发生前的宣传教育系统建设期望	5.01	5	1.19
BQ_5	政府制定畜舍卫生条件标准的期望	5.26	6	1.19
BQ_6	政府、养殖合作或饲料兽药厂组织养殖培训期望	5.15	5	1.29
BQ_7	政府开发相关兽药及疫苗信息期望	5.16	5	1.29
IQ_1	疫情发生时获得信息的速度期望	5.31	6	1.24
IQ_2	疫情处理兽医水平的期望	5.17	5	1.30
IQ_3	政府采取疫情控制措施的期望	5.47	6	1.37
IQ_4	政府采取紧急免疫措施的期望	5.23	5	1.32
IQ_5	政府部门防疫药物供应的期望	5.19	5	1.28
IQ_6	政府检验检疫措施的期望	5.35	6	1.24
AQ_1	重大疫情事件后政府补贴措施期望	5.25	6	1.26
AQ_2	政府制定补偿标准期望	5.15	5	1.27
AQ_3	重大疫情事件后政府提供心理疏导期望	4.97	5	1.37
AQ_4	重大疫情事件后补贴款发放期望	5.00	5	1.33
AQ_5	重大疫情事件后政府组织预防疫情复发教育期望	5.00	5	1.46

注：根据调研数据计算而得。

表7-3显示，服务质量三项测量指标中，其均值最大的为突发性公共卫生事件事前准备质量（5.36），均值最小的为事中应对质量（4.83），

说明在应对疫情上政府部门在事中的应对较事前的准备预防存在不足；标准差最大的为事中应对质量（1.41），最小的为事后补救质量（1.16），说明政府部门在突发性动物疫情应急管理方面，事中应对较事前准备、事后补救两个环节的应急管理分布不均的情况更为明显，在三个阶段中事后补救环节服务不均的情况表现为最轻。

农户对政府应急管理质量期望指标主要通过疫情事件发生前服务质量期望（QY_1）、疫情事件应对中服务质量期望（QY_2）和疫情事件应对后服务质量期望（QY_3）三个测量指标进行测量。在这三个测量指标中期望质量最大的是事前服务质量期望（5.37），均值最小的为事中服务质量期望（4.28），说明在应对疫情质量上农户对政府部门在事前的应急质量上存在非常大的期望，也间接说明在事前的准备上政府部门应对的准备工作比较良好。

农户感知度测量的三个指标中均值最大的为疫情事前准备的感知度（5.25），均值最小的为疫情事后应对的感知度（5.19），这表明农户对疫情事后政府的感知度较事前和事中的低，标准差最大的为农户对政府事前准备的感知度（1.09），最小的为农户对政府疫情事中应对的感知度（1.03），表明在事前准备中各地区存在较大差异，而在事中应对中政府部门应对相似。

事前预防准备期望的七个测量指标中，均值最大的为制定专项预案期望（5.28），最小的为养殖密度的规定（4.96），说明与养殖密度规定制定比较农户还是对专项预案的期望程度较高；标准差最大的为兽药及疫苗信息（1.29），最小的为养殖密度的规定（1.15），说明在兽药及疫苗信息对外公布上期望存在较大差异，但在制定养殖密度期望上相似。

事中应对期望的六个测量指标中，均值最大的为政府采取疫情控制措施的期望（5.47），最小的为疫情处理兽医水平的期望（5.17），说明在疫情控制措施上政府部门的应对工作较好，而在兽医水平的体现上存

159

在不足；标准差最大的为政府采取疫情控制措施的期望（1.37），最小的为政府检验检疫措施的期望（1.24），说明在采取疫情控制措施上政府部门的控制措施在较大差异，在政府检验检疫措施上部门间所使用方式相似。

事后补救期望质量的五个测量指标中，均值最大的为重大疫情事件后政府补贴措施期望（5.25），最小的为疫情事件后政府提供心理疏导期望（4.97），说明农户最关心的还是疫情事件后补偿问题；标准差最大的为政府组织预防疫情复发教育期望（1.46），最小的为事件后政府所制定的补贴措施期望（1.26），说明在事件后政府组织预防疫情复发教育期望存在很大差别，但是所制定的补贴措施情况基本相近。从描述统计的结果来看，农户期望程度的高低，与调研组进行实地访谈调研所获得的结果基本一致。

7.3.3 效度与信度分析

不同地区采取的应对措施和政策存在不同，因此，作者选取 N 市四个区的农户进行调研和访谈从而获得第一手资料来作为结构方程实证分析的样本。为准确地度量政府部门应急质量、农户对政府应急质量的期望对自身感知度的影响程度，以及验证研究所提出的假说和理论模型，首先需对调研所获得的第一手资料进行效度和信度分析，以证实采取调研方案和所获得调研数据的可行性，然后在信度和效度分析的基础上运用结构方程模型来进行假设的检验。

信度分析，主要通过经常采用的克朗巴赫系数值（Cronbach's α）来对量表进行检验得出潜变量的信度。通常情况下当 α 系数的值越接近1.0时，表明问卷的信度越好。当 α 系数的值小于或等于0.6时，则需对调研问卷重新进行修改。具体在本章（7-1）模型相关介绍中已做了说明，在此不再赘述。经检测结果如表7-4所示，α 系数的值达0.945，这表明本书所设计问卷的总体量表的信度相当好。

表7-4　量表总体性度检验

可靠性统计量		
α值	基于标准化项的α值	项数
0.944	0.945	45

数据来源：根据调研数据统计而得。

效度分析，主要由内容效度与构造效度两个部分组成，因为本书的问卷是基于前人的研究成果、实地预调研以及相关专家的意见最终设计而成，内容上的逻辑基础较好，能够认为问卷具有较好的内容效度。构造效度主要指被测验样本能够测量出理论的特质或概念的程度，即具体的测量值能够解释某项指标特质的程度。通常来说，如果样本数据能够进行因子分析，那么此样本数据具有较好的建构效度。本书参考国内外较常用的KMO值及巴特利特球形度检验对问卷整体效度进行检验。本书对样本的整体作因子分析，结果如表7-5所示。

表7-5　样表整体验证性因子分析

KMO		0.946
巴特利特球形度检验	近似卡方	20843.825
	df	990
	Sig	0.000

注：KMO指的是取样适当性测量统计量，当此值愈大时，表示变量间越适合进行因素分析；反之亦然，当此值小于0.5时则不太适合进行因素分析。巴特利特球形度检验可以来判断问卷整体的设计是否是正态分布，同时可用来检验相关系数矩阵是否适合进行因素分析。

从表7-5中的结果可以看出本书中KMO的测量值为0.946，且巴特利特球形度检验统计值的显著性概率为0.000，小于0.05，达到显著。说明本问卷具有很好的构建效度。

此外，为了保证各题项测量的可靠性和稳定性，以及准确性和有效性，本书对问卷的各题项进行了信度测量和效度分析，与此同时运用项目总体相关系数对各维度变量进行纯化。结果如表7-6所示。

表7-6　测量题项信度检验结果

变量	测量题项	KMO	巴特利特检验（显著性）	因子共同成分	CITC	累计方差解释/%	α系数
感知度	YS_1	0.738	699.957 (0.000)	0.783	0.738	78.579	0.863
	YS_2			0.783	0.738		
	YS_3			0.791	0.746		
政府服务质量	Y_1	0.718	528.931 (0.000)	0.716	0.654	73.632	0.817
	Y_2			0.735	0.672		
	Y_3			0.758	0.696		
农户期望质量	YQ_1	0.720	539.606 (0.000)	0.720	0.660	73.996	0.820
	YQ_2			0.744	0.683		
	YQ_3			0.756	0.696		
事前预防	B_1	0.934	2930.394 (0.000)	0.667	0.752	74.811	0.943
	B_2			0.755	0.817		
	B_3			0.776	0.833		
	B_4			0.725	0.795		
	B_5			0.772	0.829		
	B_6			0.786	0.840		
	B_7			0.756	0.818		
事中应对	I_1	0.899	1935.505 (0.000)	0.721	0.776	70.466	0.916
	I_2			0.697	0.756		
	I_3			0.731	0.783		
	I_4			0.718	0.773		
	I_5			0.726	0.780		
	I_6			0.635	0.709		
事后补救	A_1	0.863	1580.077 (0.000)	0.719	0.750	72.06	0.901
	A_2			0.778	0.798		
	A_3			0.792	0.810		
	A_4			0.671	0.724		
	A_5			0.642	0.698		

续表

变量	测量题项	KMO	巴特利特检验（显著性）	因子共同成分	CITC	累计方差解释/%	α 系数
事前期望	BQ$_1$	0.933	2940.195 (0.000)	0.670	0.754	74.853	0.943
	BQ$_2$			0.756	0.818		
	BQ$_3$			0.777	0.834		
	BQ$_4$			0.726	0.796		
	BQ$_5$			0.779	0.835		
	BQ$_6$			0.788	0.841		
	BQ$_7$			0.743	0.809		
事中期望	IQ$_1$	0.901	1981.240 (0.000)	0.724	0.779	71.087	0.918
	IQ$_2$			0.699	0.758		
	IQ$_3$			0.744	0.795		
	IQ$_4$			0.719	0.775		
	IQ$_5$			0.728	0.782		
	IQ$_6$			0.651	0.722		
事后期望	AQ$_1$	0.867	1664.852 (0.000)	0.707	0.740	72.456	0.903
	AQ$_2$			0.788	0.808		
	AQ$_3$			0.805	0.822		
	AQ$_4$			0.678	0.730		
	AQ$_5$			0.645	0.701		

表7-6计算出各变量以及计量指标的一致性系数，在影响农户感知度因素各个变量的KMO测试值以及样本分布的球形巴特利特卡方检验值的具体结果中，应急管理农户感知三个测量指标题项的组合信度和效度分别为0.863、0.738；政府应急管理的三个测量指标题项的组合信度和效度分别为0.817、0.718；农户对政府部门应急管理服务期望的三个测量指标题项的组合信度和效度分别0.820、0.720；政府部门事前准备服务的七个测量指标题项的组合信度和效度分别为0.943、0.934；事中应对服务的六个测量指标题项的组合信度和效度分别为0.916、0.899；事后补救服务的五个测量指标题项的组合信度和效度分别为0.901、

0.863；农户对政府部门应急管理事前应对准备期望七个测量题项的组合信度和效度分别为 0.943、0.933；事中应对期望六个测量题项的组合信度和效度分别为 0.918、0.901；事后恢复重建期望五个测量题项的组合信度和效度分别为 0.903、0.867。通过以上对变量的信度和效度的描述分析可以看出，测量变量的结果除应急管理政府的服务质量、农户对政府部门应急管理的期望质量及农户感知度三个变量外其他变量的信度与效度统计值都较高，且问卷测量的题项都通过了信度和效度检验，说明了问卷的可靠性，也为进一步深入分析奠定了较好的基础。

徐万里等（2008）研究认为，当题项 CITC 的系数值小于 0.4，删除此项后总体的 α 系数水平有所提高，即可将此题项删除。依据表 7-6 中对问卷信度与效度统计的结果来看，被测量题项中的 CITC 的值都高于 0.4，原有的样本中无删减的题项，且统计结果的累计方差都在 70% 以上，说明题项对潜变量的贡献度较高，为进一步深入分析奠定了较好的基础，以下将利用该数据对理论模型进行实证检验同时并就相关的假设进行验证。

7.4 模型估计结果与分析

7.4.1 模型的拟合结果

模型内在的结构适配度，用于评价模型的估计参数显著性的程度以及每项指标和潜在变量之间的信度等，即主要看各项的信度结果是否大于 0.5，潜在变量的组合信度结果是否大于 0.7。根据结构方程模型分析步骤的介绍，在进行路径系数结果估计前，首先要对模型的整体拟合优度进行检验，从而确保所构建模型的合理性；如果模型适配度出现效果不佳的情况，需依据模型的修正指数对模型进行修正，最终达到理想的结果方便后续的分析。本节第二部分已对各个指标的效度和信度进行了检验，结果在可接受的范围内。因此本节主要对模型整体的拟合度来进行测量。

研究使用 Amos 21.0 软件作为结构方程模型的分析工具，检验模型整体拟合优度的指标在本章理论介绍部分已进行了具体的介绍，在此不再赘述。具体的结构方程模型与观测数据的整体拟合度的运行结果如表7-7所示。

表7-7　结构方程模型的拟合优度分析结果

统计检验量	拟合结果	适配标准	结果
CMIN/df	5.742	2～5	接近
RMR	0.450	0.05～0.08	接近
GFI	0.725	>0.8	接近
AGFI	0.695	>0.8	接近
TLI	0.771	>0.9	接近
NFI	0.751	>0.8	接近
CFI	0.784	>0.9	接近
RMSEA	0.098	0.05～0.08	接近

从表7-7模型数据拟合的结果来看，在拟合统计中存在初始拟合度未达到理想的情况值域范围，处于接近理想值的范围，这需要对模型进行进一步的修正，根据 GFI、NFI、AGFI 越接近1，表示模型适配度越好，再按照逐次释放的原则，首先对同一个测量模型的残差相进行修正，逐次释放残差最大相关系数，经修正后综合测量模型的拟合度，所有统计检验指标均达到了理想值。需要说明的是这里面没有对 p 值（显著性水平）做判断，是因为卡方值容易受到样本量大小的影响，当样本数量较大时，卡方值相对变大，此时显著性的概率值变小，会出现假设的模型被拒的情况。所以吴明隆（2009）判断假设的模型与样本数据的适配度，除了参考卡方值，同时也需考虑其他的适配度指标。本书提出

的假设模型与实际调研所获得的数据适配度良好，模型外在质量较好。修正后的模型与数据的拟合程度都符合理想的值域范围，且修正后的模型的拟合优度如表7-8所示。

表7-8　结构方程模型的拟合优度分析结果

统计检验量	拟合结果	适配标准	结果
CMIN/df	2.948	2～5	理想
RMR	0.067	0.05～0.08	理想
GFI	0.816	＞0.8	理想
AGFI	0.791	＞0.8	可接受
TLI	0.906	＞0.9	理想
NFI	0.875	＞0.8	理想
CFI	0.913	＞0.9	理想
RMSEA	0.063	0.05～0.08	理想

7.4.2 假说检验与结果分析

模型修正后且通过拟合指标的检验，本书对设定的理论模型进行路径阶段分析，通过Amos软件分析得出本部分研究的结构模型中各变量间的路径系数，因为本节的第一部分已对模型中的测量模型进行了因子分析，所以本部分为了模型间变量的关系更直观，此处只列出结构模型与系数，如表7-9所示。

假说变量之间的关系是否能够成立，通常主要通过路径系数的方向和显著性程度来判断，本书模型的路径及估计参数的结果显示，除了事后的期望（事后重建能力的认知）与期望质量、服务质量与期望质量之间的路径系数不显著外，其他的系数均通过了t值检验(t值＞1.96)。表中SQ、SZ、SH分别表示事前、事中以及事后；SQQ、SZQ、SHQ分别表示事前期望、事中期望以及事后期望；ZFGLZL、NHQWZL、NHGZD分别表示政府管理质量、农户期望质量以及农户感知度。

表7-9　结构方程变量间回归结果

路径	非标准化估计系数	标准化估计系数	C.R(t值)	检验结果
ZFGLZL←SQ	0.639	0.678***	4.769	显著
ZFGLZL←SZ	0.400	0.498***	5.235	显著
ZFGLZL←SH	0.251	0.315**	2.057	显著
NHQWZL←SQQ	0.691	0.748***	6.864	显著
NHQWZL←SZQ	0.245	0.296***	3.796	显著
NHQWZL←SHQ	0.095	0.115^	0.304	不显著
NHGZD←ZFGLZL	0.048	0.048***	2.362	显著
NHGZD←NHQWZL	0.912	0.950***	15.615	显著
NHQWZL←ZFGLZL	0.012	−0.11^	−0.315	不显著
ZFGLZL←NHQWZL	0.078	0.081**	2.309	显著

注：①***表示在0.001的水平上显著；**表示在0.05的水平上显著；^则表示不显著。②非标准化估计系数，则表示外部潜在变量或内部潜在变量改变一个单位时，内部潜变量或中间变量的改变量；标准化估计系数，则表示外部潜在变量或内部潜在变量改变一个标准差时，内在潜变量或中间变量的改变量。③资料来源：笔者对N市的实地调研而得。

假说H₁到H₃是通过政府应急质量和农户期望质量，检验农户对政府整体应急情况的感知度这一潜变量，实证结果如表7-9所示，大部分假说通过了显著性检验。

第一，每一阶段应急工作与政府应急质量之间关系的验证。表7-9的结果可以看出，政府应急质量相关假说得到验证。"事前预防（SQ）"与政府应急质量（ZFGLZL）之间标注化路径系数为0.687，且是应急管理三阶段中与应急质量路径关系最高的系数值，该影响在0.1％水平下显著（t=4.769＞1.96），这一结果说明事前预防对政府应急质量有正向的影响，这与很多学者如Fleming（2008）、刘德海（2014）、陈志杰（2011）等的研究结果相似。"事前预防"环节中对应急质量影响最大的为政府、养殖合作或饲料兽药厂组织养殖培训、政府有关兽药及疫苗开发，两个测量指标对事前预防的影响程度分别为1.114、1.104，因路径系数值在应急质量三条路径上处于最高值，所以修正模型中，疫病预防准备工作足以用来测度政府应对疫情的应急质量，说明政府应急质量受事前预防的影响，事前预防程度越高，政府整体的应对质量也相对越高。从表7-9的模型验证结果还可知，"事中应对"与政府应急质量之间标准化路径系数为0.498，且十分显著（$t=5.235>1.96$，p值<0.001），说明事中应对质量的提高在一定程度上有助于政府整体应急质量的提高，即事中应对对政府应急质量存在正向影响，这与国内学者如祝江斌（2008）、王正绪（2011）、李燕凌（2013）的实证研究结果相似。"事中应对"环节对其影响最大的因素为疫情控制措施、疫情发生时政府采取的紧急免疫措施、政府部门防疫药物供应，三个测量指标对事中应对的影响程度分别为1.000、0.981、0.901。除此之外，表7-9的数值显示"事后补救"与政府整体应急质量之间标准化路径系数为0.315，且该影响在5%水平下显著（$p=0.04<0.05$），说明"事后补救"对政府应急质量具有正向作用，经过修正后模型结果来看，"事后补救"质量的提供有助于政府应急质量的提高，即事后补救与政府应急质量存在正向影响关系，这与国内学者如王志（2010），王晖、何振（2011），尉建文、谢镇荣（2015），郭春侠（2016）等的研究结果相似。**基于以上的结果分析，研究假说H_1得到验证。**

第二，政府应急管理质量、农户对应急质量期望与农户"感知度"的关系依据表7-9可以得到，政府应急管理质量与农户"感知度"之间的路径系数为0.048，且在1%水平下显著（$t=2.362>1.96$），表明应急管理质量对农户感知度存在正向影响；农户应急质量期望与农户感知度之间的路径系数为0.950，且同样在1%水平下显著（$t=15.615>1.96$），说明农户对政府应急质量的期望对感知度存在负向影响。这一结果说明政府应急管理质量越高，农户的感知度越高，相反农户对政府应急管理的期望越高，则感知度相对较低。表7-9可以得出，政府"应急质量"与农户"期望质量"之间的路径系数为-0.11，未通过1%水平的显著检验（$t=-0.315<1.96$），"应急质量"对"期望质量"的影响不存在显著的影响；农户期望质量与政府应急管理质量路径关系为0.081，通过了5%水平的显著检验（$t=2.309>1.96$，$p=0.021<0.05$）。**依据上述结果表明，文中提出的研究假说H$_2$的前三个假说得到验证，第四个假说未得到验证**，即政府应急质量对期望质量存在正向影响的假说不成立，期望质量对应急质量存在正向影响的假说成立。前半部分未得到验证，可能的解释是不同教育程度的农户在对政府应急期望上存在较大的差异，然而将其混合放置模型中测算，可能会导致模型结果不显著，这需要进一步的分群检验。

第三，农户对政府每一阶段应急质量期望与总期望质量的关系。依据表7-9模型验证结果可知，农户事前期望与总期望之间的路径系数为0.748，且是应急管理三阶段中与应急质量路径关系最高的系数值，该影响在1%水平下显著（$t=6.864>1.96$）。这一结果说明事前应对期望对整体应对质量的期望有正向的影响。由于在三阶段期望中，事前应对对整体应对期望的路径系数最大，所以修正模型中事前应对期望对整体应急质量期望的影响程度最大，即"事前应对期望"越大，整体应对质量的期望相对越高。除此之外，依据表7-9还可以得出"事中应对期望"与应急质量整体期望之间的路径系数为0.296，且十分显著（$t=3.796$，$p<0.001$），说明事中应对期望值变大在一定程度上会使整体应急质量期望变大，即事中应对期望对整体应急期望质量存在正向影响。与以上所不同的是，表7-9的结果显示，事后补救期望与整体应对期望质量之间标准路径系数为-0.151，且$t=-1.028<1.96$，$p=0.304>0.1$，结果未通过1%水平的显著性检验，说明事后补救期望对政府整体应急期望不存在正向的影响关系。**依据以上结果分析，研究假说 H$_3$ 的前两个假设得到了验证**，但是事后期望和整体期望的关系假说未得到验证。这可能的解释是调研样本范围涉及多个农户，由于每个农户对疫情处理期望存在着差异，将所有的数据放置同一个模型中求平均数后可能使得模型的结果出现不显著的情况，这需要将结构方程模型通过分群组做进一步的检验。

基于上述分析，本部分将进一步通过权重分析的方法来分析应急过程中政府部门事前预防、事中应对、事后补救，农户对政府应急质量的事前期望、事中期望、事后期望，以及农户对政府部门应急管理总质量的期望对农户感知度影响的程度。权重分析法指的是潜变量之间因果关系对应变量的影响度，主要由直接效应、间接效应、总效应三个方面组成。其中总效应是直接效应和间接效应的加总；直接效应指自变量对因变量产生的直接效应，其数值的大小直接用路径系数来衡量；间接效应是自变量通过某一个或者多个中介变量而对因变量产生的间接影响，它是自变量到因变量连线上路经系数乘积之和。依据图 7.1 确定的路径关系，作者分别计算了各影响因素对农户感知度所产生的间接效应、直接效应以及总效应，见表 7-10。

表 7-10　各因素对农户感知度产生影响的效应表

路径	总效应	直接效应	间接效应
NHGZD←SQ	0.025	—	0.025
NHGZD←SZ	0.019	—	0.019
NHGZD←SH	0.012	—	0.012
NHGZD←SQQ	0.713	—	0.713
NHGZD←SZQ	0.282	—	0.282
NHGZD←SHQ	−0.110		−0.110
NHGZD←ZFGLZL	0.037	0.048	0.011

路径	总效应	直接效应	间接效应
NHGZD←NHQWZL	0.953	0.950	0.003

资料来源：根据结构方程模型运行结果计算而得。

从直接效应来看，农户对政府部门应急管理的期望质量（NHQWZL）对农户感知度的影响最大，且比政府应急管理质量（ZFGLZL）大得多；从间接效应来看，农户对政府部门应急服务的事前期望（SQQ）对农户感知度影响的间接效应最大，并通过农户整体的期望质量对农户感知度产生影响；从总效应来看，农户对政府部门应急管理的期望（NHQWZL）对其自身感知度（NHGZD）产生的影响最大，事前期望（SQQ）次之，事中期望（SZQ）处于第三，政府应急管理质量（ZFGLZL）处于第四，事前准备（SQ）处于第五，事中应对（SZ）处于第六。此外，事后期望（SHQ）对农户感知度的影响为负向的关系。依据表7-9与表7-10，本书得出以下结论。

第一，应急管理对农户感知度影响的因素中无论是从影响总效应来看，还是从间接效应来看，农户对政府部门应急管理的期望质量（NHQWZL）对农户感知度的影响最大，这说明在应急管理中农户感知的程度受农户期望影响的比重较大，对于这样的结论，本书将结合我国的环境背景提出相应的建议。

第二，事前期望（SQQ）、事中期望（SZQ）以及事后期望（SHQ）对农户感知度的影响是通过农户对政府部门整体的应急质量这一中介变量而发生作用的，其中事前期望的间接效应最大（0.713），事中期望的间接效应次之（0.282），事后期望的间接影响的效应最小且表现出负向的影响关系。

综合来看，政府应急质量、农户期望质量以及农户感知度之间关系

的假说和作用路径都得到了验证。但是从农户的自身特征来看，不同的农户在这三者关系的验证上可能存在不同，需要进一步地通过分组群的方式对假说 H_4 进行实证检验，具体如以下的验证所示。

7.4.3 不同性别农户应急管理感知度比较分析

本书的调研样本以 N 市的养殖户为主，由于调研样本的采集有性别差异，在政府应急感知度上可能存在着不同，基于此，本书运用结构方程模型以不同性别为分群组检验的基准，分别对男性和女性农户应急感知度模型进行验证，结果如表 7-11 所示。

表 7-11　不同性别应急质量、农户期望以及农户感知关系检验估计参数

路径	男性(n=283)		女性(n=215)	
	路径系数	C.R(t值)	路径系数	C.R(t值)
ZFGLZL←SQ	0.672***	4.431	0.395***	2.819
ZFGLZL←SZ	0.303***	3.307	0.366***	7.111
ZFGLZL←SH	0.198**	2.434	0.039**	2.209
NHQWZL←SQQ	0.685***	4.432	0.639***	4.869
NHQWZL←SZQ	0.277***	6.557	0.266***	3.006
NHQWZL←SHQ	0.084^	0.641	0.047^	0.414
NHGZD←ZFGLZL	0.051^	1.086	0.074^	1.144
NHGZD←NHQWZL	0.868***	9.142	0.907***	11.149
NHQWZL←ZFGLZL	0.033^	0.660	0.020^	0.283
ZFGLZL←NHQWZL	0.080**	1.398	0.072**	1.983

　　注：n 为样本数；***表示在 1%水平上显著；**表示在 5%水平上显著；^表示不显著。

从表 7-11 与表 7-9 的比较中可以看出，分组样本与未分组样本的分析结果多数相似，如事前预防、事中应对，对政府应急质量的影响在 1%的水平上显著；事后补救对政府应急管理质量以及农户期望质量对政府管理质量的影响程度都在 5%的水平上显著影响；事后期望对期望

质量的影响关系不显著；政府应急质量与农户期望质量之间的关系不显著。这与综合样本所验证的结果相同，但是也存在差异。

在政府应急质量、农户期望质量、农户感知度的关系上，无论是男性还是女性都不显著，这虽与综合样本所检验的结果不同，但是进一步可以说明性别在农户对政府应急质量的感知度上不存在影响。因此，在分析政府应急管理质量和农户对应急质量感知度之间的关系时对性别因素可以不考虑。

7.4.4 不同年龄农户对应急管理感知度比较分析

基于以上内容的分析，本书将继续验证分析不同年龄的农户对应急管理感知度是否存在影响。以期更准确、全面、系统地了解不同年龄段的农户对应急感知是否存在差异，结果如7-12所示。

表7-12　不同年龄应急质量、农户期望以及农户感知关系检验估计参数

路径	40岁以下（含40岁）（$n=288$）		40岁以上（$n=210$）	
	路径系数	C.R(t值)	路径系数	C.R(t值)
ZFGLZL←SQ	0.625***	4.591	0.431***	2.260
ZFGLZL←SZ	0.209***	2.324	0.393***	4.973
ZFFGLZL←SH	0.066^	0.562	0.011^	0.053
NHQWZL←SQQ	0.730***	4.479	0.638***	4.794
NHQWZL←SZQ	0.243***	6.474	0.260***	2.945
NHQWZL←SHQ	0.082^	0.613	0.034^	0.298
NHGZD←ZFGLZL	0.045^	0.934	0.067^	1.036
NHGZD←NHQWZL	1.003***	10.302	0.939***	11.199
NHQWZL←ZFGLZL	0.033^	0.690	0.016^	0.235
ZFFWZL←NHQWZL	0.080^	1.500	0.071^	1.436

注：n为样本数；***表示在1%水平上显著；**表示在5%水平上显著；^表示不显著。

通过表7-12与表7-9的比较可以看出，不同年龄分组检测情况下大部分结果与综合检测结果相似，如事前预防、事中应对对政府应急管理质量的影响，事前预防期望、事中应对期望、事后补救期望对农户期望质量的影响，农户期望质量对农户感知度的影响以及政府应急管理质量对农户期望质量的影响所检验的结果与综合检测时的结果相同，但是此次分组检测结果仍然存在一些差异。

事后补救对政府应急管理质量的影响、政府应急管理质量对农户感知度的影响以及农户期望质量对政府应急管理质量的影响，无论是在40岁以下的样本组中还是在40岁以上的样本组中验证结果都显示为不显著，这虽与综合样本所验证的结果存在着差异，但也说明了年龄在事后补救对政府应急管理质量影响的关系上、政府应急管理质量对农户感知度的影响上，以及在农户期望质量对政府应急管理质量的影响上都不存在调节作用。

基于以上的分析，无论是40岁以下还是40岁以上对政府应急质量、农户期望质量和农户感知度关系的测量不存在调节作用。因此，在分析政府应急管理质量和农户对应急质量感知度之间的关系时农户不同年龄的因素可以不考虑。

7.4.5 不同教育程度农户对应急管理感知度比较分析

与以上研究相似，为了验证不同教育程度的农户在政府应急管理过程中、农户期望质量以及感知度的关系上是否存在调节的作用，本部分将继续运用结构方程模型对不同教育程度的样本进行实证分析，结果如表7-13所示。

表7-13　不同教育程度应急质量、
农户期望以及农户感知关系检验估计参数

路径	大专以下(n=235)		大专以上(n=263)	
	路径系数	C.R(t值)	路径系数	C.R(t值)
ZFGLZL←SQ	0.530***	3.595	0.488***	3.414
ZFGLZL←SZ	0.339***	3.416	0.321***	3.387
ZFGLZL←SH	0.125^	0.962	0.065^	0.588
NHQWZL←SQQ	0.543***	3.546	0.557***	3.467
NHQWZL←SZQ	0.276**	2.893	0.301***	3.001
NHQWZL←SHQ	0.029^	0.192	0.022^	0.139
NHGZD←ZFGLZL	0.050***	0.886	0.063^	1.173
NHGZD←NHQWZL	1.004***	10.982	0.950***	11.562
NHQWZL←ZFGLZL	0.014^	0.257	0.028^	0.505
ZFGLZL←NHQWZL	0.092^	1.802	0.088^	1.786

注：n为样本数；***表示在1%水平上显著；**表示在5%水平上显著；^表示不显著。

从表7-13以及表7-9的比较中可以看出，分组验证结果大部分与综合验证结果相似，如事前预防、事中应对对政府管理质量的影响，事前期望、事后期望对期望质量的影响，农户期望质量对农户感知度的影响，政府管理质量对农户期望质量的影响，但是也存在不同。

第一，事后补救对政府管理质量的影响，在教育程度分组中无论是大专以下还是大专以上，验证结果都不显著，虽然与综合样本验证的结果不同，但是分组的样本都不显著，因此教育程度的高低对事后补救与政府管理质量的关系上不存在调节作用。

第二，政府应急管理质量对农户感知度的影响，在教育程度分组检验中，大专以下显示的结果在1%水平下显著，与综合检验的结果相同，大专以上检验的结果不显著，说明教育程度在政府应急管理质量对农户感知度的影响上存在反向调节作用。

第三，农户期望质量对政府应急管理质量的影响，在教育程度的分组检验中，无论是大专以上还是大专以下，检验的结果都不显著，虽与综合样本验证的结果不同（综合检验样本在5%的水平下显著），但是也说明教育程度在农户期望质量与政府应急管理质量之间的关系上不存在调节作用。

基于以上分析，说明教育程度的不同在政府应急质量、农户期望质量和农户感知度关系的测量上会存在一定的调节作用。因此，在应急管理过程中需加大政府应急管理的宣传力度，使得不同教育程度农户对政府应急管理的认知控制在合理的范围内。

7.4.6 不同收入农户对应急管理感知度比较分析

为了验证农户不同收入情况下政府应急管理质量、农户期望质量，以及农户感知度之间的关系是否存在调节作用，本部分将继续使用结构方程对其进行检验，结果如表7-14所示。

表7-14 不同收入应急质量、农户期望以及农户感知关系检验估计参数

路径	4500元以下（n=273）		4500元以上（n=225）	
	路径系数	C.R（t值）	路径系数	C.R（t值）
ZFGLZL←SQ	0.573***	4.748	0.573***	4.733
ZFGLZL←SZ	0.296***	3.958	0.295***	3.954
ZFGLZL←SH	0.099^	0.919	0.099^	0.920
NHQWZL←SQQ	0.687***	6.748	0.712***	6.960
NHQWZL←SZQ	0.214***	3.435	0.211***	3.425
NHQWZL←SHQ	0.068^	0.754	0.084^	0.922
NHGZD←ZFGLZL	0.045^	1.245	0.045^	1.235
NHGZD←NHQWZL	0.990***	16.043	0.991***	16.062
NHQWZL←ZFGLZL	0.012^	0.321	0.014^	0.387
ZFGLZL←NHQWZL	0.073**	2.143	0.073**	2.148

注：n为样本数；***表示在1%水平上显著；**表示在5%水平上显著；^表示不显著。

从表7-14以及表7-9的比较中可以看出，分组验证结果大部分与综合验证结果相似，如事前预防、事中应对对政府管理质量的影响，事前期望、事中期望以及事后期望对期望质量的影响，农户期望质量对农户感知度的影响，政府管理质量对农户期望质量的影响以及农户期望质量对政府管理质量的影响，但是也存在不同。

事后补救对政府应急管理质量的影响和政府应急管理质量对农户感知度的影响，无论是在收入4500元以下（含4500元）的样本中，还是在4500元以上的样本中所检验的结果都不存在显著的影响，这虽与综合样本验证的结果不同，但是也说明了收入对事后补救与政府应急管理质量之间的关系，以及政府应急管理质量与农户感知度之间的关系上不存在调节作用。

基于以上分析，可以看出不同收入层次的农户在政府应急管理质量、农户期望质量以及农户感知度三者关系的验证上不存在调节作用。因此，在对政府应急管理质量、农户期望质量以及农户感知度关系的测量上不考虑收入情况这一个体特征。

7.5　本章小结

本章首先对实证所用的结构方程模型从理论、构成等方面做了具体介绍；其次对研究数据的来源、指标设计以及问卷的设计方法和结构做了简要说明；最后基于本章前文分析进行实证研究，实证部分主要分析政府应急管理的应急质量、农户的期望质量对政府应急管理农户客体感知度（政府应急客体绩效）的影响，将农户感知程度引入政府部门应急管理的绩效评估中，一方面有利于提高农户对政府部门的认可度，从而改善政府的形象；另一方面将促进政府部门工作的改进，从而提升应急服务的管理能力。研究认为农户感知度越高，越利于政策的有效推行与持续发展。如何提高农户的感知度已成为应对突发性事件的核心问题。

因此，本章采用结构方程模型从农户这一微观层次及公共卫生应急管理理论的角度出发，建立起基于农户感知度的基层政府应急服务的测评模型，系统地分析应急管理过程中基层政府在事前预防、事中应对和事后补救这三个阶段所提供的预防准备、事中应对和事后补救对政府整体的应急管理服务质量的影响；事前预防、事中应对和事后补救三个阶段农户对政府应急管理的期望对应急管理过程中政府整体应急期望的影响；政府整体应急管理质量对农户感知度的影响、农户对政府整体应急管理的期望对农户自身感知度产生的影响；政府部门应急管理的质量与农户对政府部门应急管理期望之间的路径关系。最后为了使实证检验的结果更加合理，本章对农户特征在政府应急质量、农户期望质量以及农户感知度三者间关系的验证上是否存在调节作用进行了分组讨论。

依据本章实证分析的结果，可以得出以下几个主要结论。

第一，疫情应对的过程中，事前预防、事中应对、事后补救三环节对政府整体的服务质量存在正向的影响。从实证的路径系数来看事前预防影响政府整体服务质量的程度较高，事中应对影响政府整体服务质量的程度较事前准备较低。**除此之外，事前预防中"政府、养殖合作或饲料兽药厂组织养殖培训和政府有关兽药及疫苗开发"两项指标对事前预防影响的权重较大；事中应对中"疫情控制措施、疫情发生时政府采取的紧急免疫措施以及政府部门防疫药物的供应"三项指标对事中应对的影响权重较大；事后补救中"重大疫情后政府补贴措施以及政府组织预防疫情复发教育"两项指标对事后补救的影响权重较大。**

第二，不同环节应对质量对农户对政府整体应急质量期望的影响测量，除"事后补救"能力的认知对期望质量不存在正向影响，"事前预防措施的认知""事中应对"对期望质量存在正向影响，其中"事前预防措施认知"对政府整体服务质量的期望程度较高，"事中应对"对政府整体服务质量的期望影响程度较"事前预防认知"稍低。**除此之外，事前预防期望中"政府应急指挥系统的组建，政府、养殖合伙或者饲料兽药厂组织养殖培训和政府开发相关兽药及疫苗"三个指标对事前预防期望影响的权重较大。事中应对期望中"政府采取疫情控制措施和政府采取紧急免疫措施"两个指标对事中应对期望影响的权重较大；事后补救期望中"疫情后期的补贴措施、补偿标准以及心理疏导"三个指标对事后补救期望的影响权重较大。**

第三，应急质量与期望质量对农户感知度的测量。政府整体的服务质量对农户的感知度存在着正向影响；政府整体应急质量期望对感知度存在负向的影响。从路径系数图中可以看出政府应急服务质量对农户的感知度占到0.09，农户的期望质量占到0.91。因此，政府应急管理时为了使得农户的感知度最大化，在加强应急管理的同时需对农户期望进行管控，使其期望处于合理的范围内。

第四，政府整体的应急管理质量与农户对应急管理期望质量的关系测量上，政府部门整体的应急管理对应急管理期望不存在正向影响，农户对应急管理的期望对政府部门整体的应急服务存在正向的影响。

第五，农户特征除了受教育程度对政府管理质量与农户感知度之间的关系存在反向调节作用，其他自身特征在政府应急管理质量、农户期望质量以及农户感知度三者关系的验证上不存在调节作用。因此，在政府应急管理质量、农户期望质量以及农户感知度关系测量时不需要考虑性别、年龄、收入等这些农户的个体特征。**由于受教育程度的不同，农户在对政府应急管理的认知上会存在着差异，通常教育程度越高对应急期望的程度也越高，所以在对应急质量、期望质量以及农户感知度三者**

关系测量上存在反向调节作用的结果，进一步可以认为，出现这种结果是由于政府在应对疫情过程中没有做好足够的宣传教育工作，从而使得教育程度稍高的农户出现了过高的期望。

第8章 N市农村重大动物疫情事件应急机制优化

应急机制是应对突发性重大动物疫情事件的重要举措，对政府应急管理绩效进行测评后，考虑到资源的稀缺性以及事件对社会经济环境的影响，政府部门仍需进一步优化资源的分配，从而提升重大动物疫情应急机制的绩效。为解决这一问题，本章主要从第5、6、7章的结论出发，对N市农村重大动物疫情事件的应急机制优化提出政策建议，以期进一步完善N市农村重大动物疫情应急体系，提高疫情应对绩效。

本章的结构安排如下：**第一部分**，首先，提出N市动物疫情应急机制优化的思路，根据第5章N市动物疫情应急机制的现状分析，农村疫情应急在事前预警、事中应对以及事后补救三个阶段中，对应地存在缺乏常设性综合应急处理机构、应急管理运行机制不够健全和疫情应急保障能力较弱三大问题。所以，本章主要从疫情应急管理三阶段出发，合理借鉴国外（美国和日本）的相关经验提出疫情应急机制的优化思路。其次，提出动物疫情应急机制的优化原则，主要依据国外相关经验和N市疫情应对现实，具体包括公益性、依法制疫、统一指挥、综合协调、分类管理、分级负责、属地管理等基本原则。**第二部分**，在动物疫情应急机制优化思路和原则的基础上，**对动物疫情应急管理体系、测报网络与信息管理系统、应急处理措施以及补偿机制和善后补救四项内容进行优化。优化的内容的确定主要依据第6、7章实证结论**，将应急预案、宣传区域、部门规章制度、整改措施落实、政府应急指挥系统的组建、组织养殖培训以及政府兽药疫苗开发等**指标归于动物疫情应急管理体系**；将传播速度、协调工作、实时沟通调整、信息收集以及信息传播速度等指标**归于动物疫情测报网络与信息管理系统**；将物资运输、物资发放指标、疫情控制措施、政府采取的紧急免疫措施以及政府部门防疫药物的供应等指标**归于动物疫情应急处理措施**；将恢复补救情况、恢复重建政策落实指标和政府补贴措施、预防疫情复发教育、补偿标准以及心理疏导等指标**归于动物疫情补偿机制及善后补救体系**。第三部分为本章小结。

8.1 动物疫情事件应急机制优化思路和原则

重大动物疫情事件应急机制应当具有较为完整全面的功能和机制，在建设过程中需要考虑全局，否则可能会出现实施受阻和效率低下的情况；并且，应急机制优化不是推翻重建，而是在现有的基础上改善其不合理的内容和低效率的措施。因此，在优化过程中既要考虑到应急机制的长远发展，又要立足于当前的应急机制现实。

第 1 小节提出动物疫情应急机制的优化思路，主要依据第 4 章结论中 N 市在疫情应对，事前预警、事中应对以及事后补救三阶段，相应出现的农村动物疫情应急机制缺乏常设性综合应急处理机构、应急管理运行机制不够健全和疫情应急保障能力较弱三大问题，并合理借鉴国外（美国和日本）的相关经验，对 N 市疫情应急管理三阶段进行优化。第 2 小节提出动物疫情应急机制应遵循的基本原则，主要依据国外相关经验，具体包括公益性、依法治疫、统一指挥、综合协调、分类管理、分级负责、属地管理等原则。

8.1.1　动物疫情事件机制优化思路

事前预警优化思路，通常情况下，动物疫病都具有易传染的特点，在短时间内可能出现大规模传播的情况，一旦发生便很难进行有效控制。因此，做好动物疫病的疫前工作是防疫措施的首要任务。应构建系统完整的动物疫病防治模式，在动物疫病高发期间，能有效利用政府各级部门资源，做好动物疫情的疫前预警工作。

本书第6、7章的实证结论显示，提高N市政府疫情应急工作质量需做好应急指挥系统的组建，应急预案、宣传、部门规章制度制定，组织养殖培训，政府兽药及疫苗开发等方面的疫前预警工作。因此，张振岚（2004）指出，为了加强N市现有的市、县（区）、镇三级的动物应急的队伍建设，需构建"机构健全、职能明确、队伍精干"的三级动物应急机制，并在此基础上，逐步完善动物疫情的防检疫工作、预警测报信息网络等预警工作，确保重大动物疫病预防控制方面做到"有力、有序、有效"。纵观历史，每次重大动物疫情事件中，预警机制的运作主要依赖于政府部门。因此，本部分将政府作为应急机制的主体部分，来构建动物疫情预警机制，其结构示意如图8.1所示。

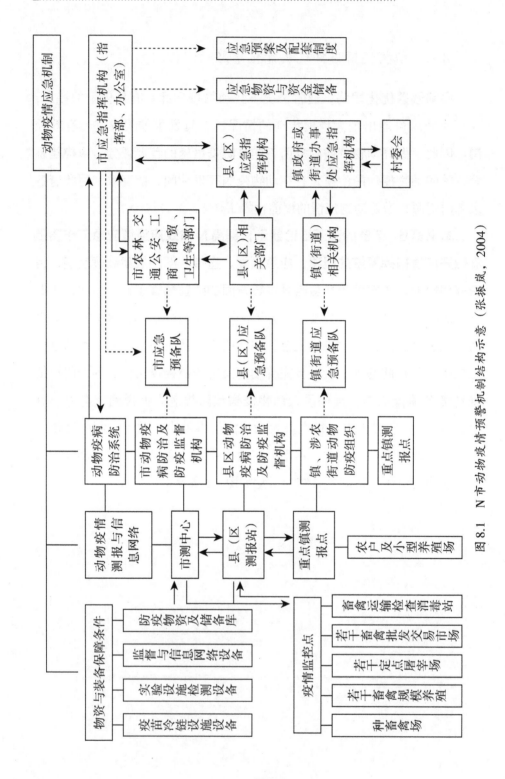

图 8.1　N 市动物疫情预警机制结构示意（张振岚，2004）

图8.1所示，N市动物疫情预警机制结构由物资与装备条件保障体系、动物疫情测报与信息网络体系、动物疫病防治体系以及市应急指挥机构等四部分构成，分别在疫情预防工作中发挥着不同的功能。其中，物资与装备条件保障体系，需要确保疫情发生前，做好疫苗冷链设施设备、实验设施检测设备、监督与信息网络设备以及防疫物资及储备库基础设施的准备工作。动物疫情测报与信息网络体系，需要覆盖市、县、重点镇以及农户和小型养殖场，对疫情发生以及发展的可能性提供监测信息，以便相关部门及时做出相应级别的预警工作。动物疫病防治体系的设计也涉及市、县、镇以及村级四个层级，在疫情工作中主要负责对动物防疫以及感染疫病动物的治疗。

疫中应对优化思路，动物疫情的发生具有致病性强、治愈性难、易流行、人畜共患等特点，如不及时控制，将给畜牧生产造成巨大损失，甚至危及人民健康，造成社会危害。因此，需在短时间、小范围内控制动物疫情的发展。**本书第6章的实证结果显示，N市若要提高政府的疫情应对绩效，需要加强疫情控制措施和紧急免疫措施两项工作力度。**此方面可借鉴美国动物疫情应对的做法，美国动植物卫生检验局（APHIS）专门设置了紧急动物疫病反应指挥部（EPS），具体负责紧急反应方案的制定和执行工作，其中动物的突发事件由国家突发动物健康管理中心（NCA-HEM）负责。此外，叶尔江（2009）的研究指出，APHIS还在美国动物卫生和流行病学中心设立了紧急疫情中心（CEI），专门负责紧急疫情的分析工作。当某种动物疫情暴发并对社会正常运行产生威胁时，APHIS会立即启动现场突发事件指挥系统，由计划组、行动组、联络组、财务组四个基础部门和三个官员、一个负责人组成，其中四个部门分别负责动物疫情应急管理计划的制订执行、应急过程中的联络协调以及财务等活动。

疫后补救优化思路，政府整体应急绩效与疫情后的补救措施紧密相关。**本书第6、7章的实证结果显示，目前N市需要在疫情后期的恢**

复补救、恢复重建落实、疫后补贴措施、疫后补偿标准以及受灾农户心理疏导等方面加强工作力度。 同样可借鉴美国突发性动物疫情的恢复重建措施，措施主要包括疫苗注射、扑杀补偿以及生产援助三种手段。其中，疫苗注射起到免疫预防的作用；对染病动物的扑杀是有效控制动物疫情的关键和必要手段，但是需要政府部门合理的补偿，才能保证这一举措顺利进行；而生产援助是恢复生产的保障。补偿和援助的差别在于，前者指采取扑杀染病动物发生的费用，后者是指恢复生产和稳定养殖而给予养殖户的援助和补贴。

除此之外，闫振宇（2012）研究指出，面对扑杀受疫情感染动物造成的经济损失，美国采取"防控基金＋农业保险＋市场支持"的模式。防控基金主要由养殖者缴纳，农业保险则由联邦农业保险公司和私营保险公司共同开办，政府通过保费补贴、再保险以及业务费用补偿和免税的形式对私营保险公司给予一定的扶持。市场支持主要指，通过市场干预的形式（出口补贴、贸易壁垒等）保持市场畜产品的稳定供给，满足民众消费。

8.1.2 动物疫情应急机制优化原则

动物疫情应急管理机制的建立目的是保障公共安全，通过有效预防和应对所发生的疫情事件，在一定程度上避免或者减轻疫情事件造成的危害，降低其对社会产生的负面影响。整体来看，政府部门可以依据不同类型、级别以及不同地域范围所发生的疫情事件，灵活地组建应急管理机制，通过内部联动确保组织结构的有效运转。动物疫情应急管理机制建设既要立足现实、切合当前和今后长时间畜禽饲养不同规模化程度情况的出现，又要确保动物疫情应急工作履行到位。因此，动物疫情应急管理机制的设立以及调整需遵循公益性、依法治疫、统一指挥、综合协调、分类管理、分级负责、属地管理等基本原则。

公益性原则，主要指在疫情管理工作中明确动物疫情应急管理是一种公益性职能，要通过健全机构、落实人员和保障经费，来保证疫情管理职能的发挥。

依法治疫原则，主要指在疫情管理过程中，需依据法律理顺关系，强化执法功能，通过依法行政，保证动物疫情工作的相关措施落到实处。在疫情应对过程中依法治疫（有法可依、执法必严、违法必究）是必要的，主要指在疫情发生的紧急情况下，处理好国家权力之间、国家权力和公民权利以及公民与公民权利的各种法律关系。具体包含两层含义：一方面指建立健全动物疫病防治法律法规体系，做到有法可依，依法调整动物及动物产品的生产、加工以及流通环节的行为和活动；另一方面指依法制定动物疫病控制的中长期规划，使得动物疫病的防治工作有方向、有目标，从而有效地控制动物疫病。疫情应急法制的主要任务有规范疫情事件的预防、应急准备、应急处置与救援以及事后补救等应对活动，监督政府相关部门的权力行使以及是否存在滥用职权现象，增强公众的疫情应对意识，提高疫情应对效果。N市在疫情应对时，应以应急法律体系为指导，依托相关的卫生应急组织机构，通过资源保障体系、信息管理体系以及健康教育体系的联动，形成多系统、多层次和多部门的协作机制。市和地方层面的应急系统，需要通过纵向行业系统管理和分地区管理的衔接，形成全市性突发性动物疫情事件应急管理网络，从而使N市疫情应急管理走向标准化、制度化和法治化。

统一指挥，指突发疫情事件的应急工作，必须在应急指挥机构的统一领导下，依照法律、法规以及相关规范性文件的规定来开展。

综合协调，指在突发疫情事件应对的过程中，多样化的参与主体(政府及其政府部门、基层自治组织以及其他组织)需要实现统一领导下反应灵敏、协调有序的综合建设，形成统一的突发事件信息系统、应急指挥系统、救援系统、物资储备系统等。

分类管理，指由于突发性事件存在不同的类型，因此，需要在统一指挥的前提下实行分类管理，不同类型的突发事件应由相应的部门实行管理，按各自职责开展工作。这样便于统一指挥，协调各种不同的管理主体。

分级负责，指由于农村突发事件发生的级别差异，不同级别的突发事件所需的应急人力、物力也有所区别。分级负责明确了各级政府在应对突发事件中的责任，若不能履行突发事件中的对应职责，或不按照法定程序和规定处置突发事件，需追究其必要的行政和法律责任。

属地管理，指由于农村突发事件需要发生地政府部门迅速、正确有效应对，因此强调属地管理为主。当然，属地管理为主不排斥上级政府部门对下级应对工作的指导，不能免除发生地其他部门和单位的协同义务。

8.2 动物疫情事件应急机制优化内容和关键

从动物疫情应急管理机制功能来看，机制建设的核心是具备"疫情预警、疫情应急响应、疫情补救"功能的动物疫情应急管理体系及其相关物资保障条件。**依据本书第 6 章和第 7 章实证所得出的结论**，将应急预案、宣传区域、部门规章制度、整改措施落实、政府应急指挥系统的组建、组织养殖培训和政府兽药及疫苗开发等指标**归于动物疫情应急管理体系**；将信息传播速度、协调工作、实时沟通调整、信息收集和信息传播速度等指标**归于动物疫情测报网络与信息管理体系**；将物资运输、物资发放、疫情控制措施、政府采取的紧急免疫措施和政府部门防疫药物的供应等指标**归于动物疫情应急处理措施体系**；将恢复补救情况、恢复重建政策落实、政府补贴措施、预防疫情复发教育、补偿标准和心理疏导**归于动物疫情补偿机制及善后补救体系**。因此，依据动物疫情应急处理机制功能，本书提出对**动物疫情应急管理体系、动物疫情测报网络**

与信息管理系统、动物疫情应急处理措施体系以及动物疫情补偿机制及善后补救体系四方面内容进行优化。

8.2.1　动物疫情应急管理体系

动物疫情的暴发不仅制约畜牧业发展，而且威胁社会公共卫生安全，加强疫情管理体系建设具有较强现实意义。由于**本书第 6 章和第 7 章的结论表示应急预案、宣传区域、部门规章制度、整改措施落实、应急指挥系统的组建、组织养殖培训以及政府兽药及疫苗开发等指标，对提高政府应急质量有较大影响**。因此，根据张振岚（2004）的研究，N 市可以以市、县（区）畜牧兽医站以及镇（街道）动物疫情防疫组织为框架基础，全面加强疫情应急管理基础设施的建设，并依据具体的职能对工作人员进行调整，以有特色的规模养殖场为单位建立协助员制度，建立健全防疫、检疫及监测管理工作网络和各项防疫管理制度并形成有结构性动物疫病应急管理体系，如图 8.2 所示。

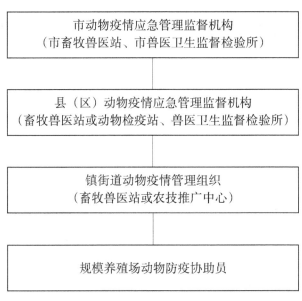

图 8.2　N 市动物疫情应急管理结构（张振岚，2004）

图 8.2 中将 N 市的应急管理体系分成四层级，即市动物疫情应急监督机构、县（区）动物疫情应急管理监督机构、镇街道动物疫情管理组织、规模养殖场动物防疫协助员。参照国家疫情预案机制，在四层级应急管理体系基础上，N 市制定相关的应急预案、疫苗开发、应急指挥系统、部门规章等制度。县（区）、镇街道动物疫情应急监督管理组织可以依据市制定的相关应急制度进行疫情应对，将疫情控制在初级阶段，防止其扩散和蔓延。此外，第四层级管理上政府、养殖合作社或饲料兽药厂可以定期对规模养殖户进行养殖培训，规范养殖户养殖行为，降低疫情事件风险。

8.2.2 动物疫情测报网络与信息管理系统

疫情测报网络体系的建设是疫情应对的硬件基础，在疫情应对中起着关键的作用，**依据本书第 6 章的结论，目前 N 市在信息传播、疫情工作协调、疫情应对措施实时沟通调整以及疫情信息搜集等方面的工作对政府应急质量有很大的影响**。因此，N 市需加强对动物疫情测报网络和信息管理系统的建设。

动物疫情测报网络系统的建设与动物疫情应急管理体系相对应，在疫情应急体系的基础上建立市、县（区）疫情诊断机构，并在镇（街道）建立防疫机构、畜禽运输检查消毒站。同时按照相关的制度以及测报对象和内容，对动物疫情展开全面的测报工作。进一步，运用现代通信技术建立信息管理系统，从而使动物疫情测报网络的工作更加规范。除此之外，动物疫情测报网络系统的建立还应包含三个关键部分：第一部分是在市、县（区）建立疫病诊断机构和相应人员技术的配备，建设过程中不仅要满足动物疫病检测的需要也要保证生物安全的要求；第二部分是按区块的性质分别在养殖场、屠宰场等地设立疫情测报点；第三部分是疫情信息的处理和传输系统。

动物疫情信息管理系统的建设，对N市区域内动物疫情所监测到的信息，定期进行统计和系统分析，以便能够及时掌握疫情的动态，同时运用系统的仿真技术，建立动物疫病的分析模型，掌握动物疫病的发展规律，对疫病的发展情况进行科学的预测，并将预测分析的结果及时报告给相关部门，作为相关部门对动物疫病预防和控制的依据，协助动物疫病应急管理的工作。信息管理系统的建设同样包含三个主要部分：第一部分是建立动物疫情空间数据库（疫病、疫情有关的文档数据；疫病高发点电子地图统计数据库）和进行数据库基本管理软件研发；第二部分是对特殊的疫情跟踪调查和普查；第三部分是疫情应急管理系统决策模型的建立和应用。

8.2.3 动物疫情应急处理措施

动物疫情应急处理机制，主要指在重大动物疫情暴发时，相关部门如何在最短时间内控制或扑灭疫情的一种工作机制。这种工作机制在现实的运转中具有快速、高效的特性。**本书第6章和第7章的研究表明：N市目前疫情应急处理中物资运输、物资发放、采取疫情控制措施以及政府部门采取紧急免疫措施和防疫药物的供应方面都存在不足。**因此，需要建立能够充分发挥政府权威作用，行使决策、指挥以及调度职能的重大动物疫病指挥机构；建立疫情应对分部办事协调机构，实行定点办公；建立和执行日常值班和疫情报告制度，并开展日常和紧急状态下组织协调和信息传输的工作；建立由疫情应对相关部门人员组成的动物疫情应急处理预备队、应急所需物资和资金的储备，确保在重大动物疫情发生时，能够按照"应急预案"的规定，将疫情应急所需人员、物品以及资金落到实处，在最短的时间内有效扑灭动物疫情，从而提高政府的应急绩效。

动物疫情应急处理机制的建立主要包括四部分：第一部分是对现有

动物疫情应急指挥系统的强化，做到疫情应对过程中分工明确、责任明确；第二部分是市、县（区）、镇的动物疫情应急队伍的建立和疫情应对业务的培训演练；第三部分是对动物疫情"应急预案"规定和相关制度的完善；第四部分是各级职能部门物资和资金的储备。

8.2.4 动物疫情补偿机制及善后补救

动物疫情的暴发和蔓延，在带来财产损失的同时还给人们的生命健康造成极大的威胁。为了控制和扑灭疫病，相关部门纷纷制定了一系列的应对措施。其中，对疫点和疫区禽畜的扑杀、焚烧是普遍采用且有效的措施之一。但是，在弥补扑杀给养殖户带来损失时，N 市不同地区的补偿政策却各不相同，效果迥异。**从本书第 6 章和第 7 章的研究可以看出目前 N 市在疫情恢复补救、重建政策落实、政府补贴措施、补偿标准方面的工作存在着不足。**N 市实行疫情补偿机制时可参考我国《高致病性禽流感防治经费管理暂行办法》中疫情补偿的相关规定。

补偿范围。国家对疫点和疫点周围 3 千米范围内的所有禽类强制扑杀，对疫区周围 5 千米范围内禽类强制免疫，对非强制免疫地区按照养殖者自愿的原则进行免疫。国家对免疫进行补助，对因强制扑杀而受损失的养殖者给予补偿。

补偿标准。动物疫情补贴标准为鸡、鸭、鹅等禽类每只补贴 10 元，各地可依据实际的具体情况对不同禽类和幼禽、成禽的补贴有所区别。

补偿经费来源。中央财政和地方财政共同负担禽流感扑杀的补贴经费。按标准，对东、中、西三个地区中央财政的补助分别是 20%、50%、80%，剩余部分由地方财政负担。说明动物疫情的扑杀补贴已成为政府财政开支的一部分，同时，政府承担补贴经费也是使用政府信用向养殖户保证补贴经费的落实。

补偿经费分配程序。省级畜牧兽医行政主管部门会同省级财政部门根据扑杀数量和扑杀补助标准尽快将资金发放给养殖者。之后，省级畜牧兽医行政主管部门和省级财政部门联合向农业农村部、财政部申请中央财政扑杀补助资金。经两个部门审核后，由财政部将资金拨付省财政，再由省财政逐级下拨。

以上是关于疫情事件后政府部门对受疫情影响人员所给予的补偿规定，但是疫情带给养殖户的除了经济损失外还有精神和心理上的压力（经济压力所致），且负面效应会伴随着受害者较长一段时间。因此，N市相关政府部门可以在给予养殖户经济损失补偿的同时对养殖户进行心理疏解。

8.3 本章小结

有效的应急管理机制是应对突发疫情事件的重要举措，虽然N市在动物疫情应急管理工作中取得了一些成就，但是经济社会的发展对资源合理分配仍存在考查研究。重大动物疫情是由人类自身因素和自然因素相互作用而产生的结果，其外部特征和易扩散的特性显示了其公共性、关联性以及隐蔽性等特点，增加了应对的难度。

在第5章N市禽流感应急机制研究、第6章和第7章政府主体和农户客体应急绩效测评的实证研究中得出，虽然目前N市对重大动物疫情的应急处理已被纳入应急管理范畴，并构建了以"应急预案、应急机制和应急法制"为核心的应急管理体系。同时，基于相应法律法规等构建了包括重大动物疫情防疫、监测预警、信息报告、应急响应和公众沟通、恢复重建等内容在内的应急机制，为重大动物疫情防控提供了制度保障。但在资源有限的范围内N市整体应急情况处于一个中等水平，政府应急管理绩效仍存在提升的空间，尤其是政府部门在应急预案、宣传区域、物资运输、物资发放、协调工作、实时沟通调整、信息收集、部门规章制度、整改措施落实情况、恢复补救情况、恢复重建政策落实、信息传播速度等方面。除此之外,"政府、养殖合作或饲料兽药厂组织养殖培训,政府有关兽药及疫苗开发,疫情控制措施,疫情发生时政府采取的紧急免疫措施,政府部门防疫药物的供应,重大疫情后政府补贴措施以及政府组织预防疫情复发教育"等应急机制的实施情况对政府整体的应急绩效也存在重大影响。

因此,本章主要从三个部分对应急管理机制进行优化。第一部分,首先提出了目前N市动物疫情应急机制优化的思路,优化思路主要从疫情应急管理的三个阶段(事前预警、事中应对、事后补救)进行优化,并合理借鉴国外(美国和日本)的相关经验。其次,提出动物疫情应急管理机制优化原则,原则的提出主要依据国外相关的经验和N市的疫情应对的实际情况,具体包括公益性、依法治疫、统一指挥、综合协调、分类管理、分级负责、属地管理等基本原则。第二部分,在动物疫情应急机制优化思路和原则提出的基础上,将第6章和第7章实证所得出的结论进行划分归类,主要从动物疫情应急管理的体系、动物疫情测报网络与信息系统、动物疫情应急处理措施以及动物疫情补偿机制和善后补救等方面提出N市农村动物疫情应急机制优化的内容和关键。第三部分为本章小结。

第9章 结论和政策建议

9.1 主要研究结论

　　由于突发疫情事件应急服务是一个复杂多样的社会性问题，因此，在突发动物疫情迅猛发展以及国家服务型政府建设政策背景的推动下，对事件应急管理机制进行相应绩效评估必不可少。**突发动物疫情应急机制的绩效评估，主要分为两大方面，一方面为应急机制的设定评估，另一方面为实际应急绩效的测评。**基于此，本书首先对N市农村重大动物疫情应急机制进行研究，并以禽流感疫情的应急方式为例对N市各种应急规定的实施情况进行描述统计分析并做出相关评价。其次，分别从政府和农户两个方面对N市的应急绩效进行测评。最后，对N市政府应急绩效进行优化，依据实证结果的分析本书得到以下结论。

　　首先，N市农村缺乏常设性综合应急处理机构，应急机制不够健全且公共卫生应急保障能力较弱。本书第5章在分析N市农村重大动物疫情应急机制及实施现状时，对应急机制进行介绍，在其基础上以禽流感疫情为例，介绍目前N市应急机制的实施情况，并对N市应急机制的现状做出评价。结果表明：首先，应急办和临时应急指挥部在突发卫生事件应急处置中存在职能重叠问题，容易导致权责不清，且这两个机构之间的协调也存在问题，无法有效应对突发性公共卫生事件。因此，农村缺乏常设性综合应急处理机构。其次，农村应急服务运行机制不够健全，主要表现为在事前预警阶段，76.3％的农村居民未参加过应急培训，同时未参加过演练和宣传教育等活动的农村居民也高达73.9％；事中应对也时常出现如蔡晓辉（2010）所指出的"由于县乡村三级组织及其领导人的素质和能力有限，使得农村基层组织和自治力量在灾难面前的'中空'，已经成为一种常态"，事后缺乏对受灾农户心理的疏导，此外 N市很少有针对农村地区政府部门人员绩效可量化的评估指标体系，同时县乡政府作为中国政府系统的基层，不容易受到责任的约束，责任追究很难落实。最后，从统计结果来看，虽然2014—2016年 N 市农村疾病控制、防疫机构的数量趋于平稳，但是总体来看2010—2016年机构的数量处于下降的趋势；N 市社区卫生服务中心2010—2014年处于缓慢上升阶段，从2010年的584家上升到2013年的638家，但是2015年开始出现了明显的下降趋势，特别是到了2016年下降到历史新低值491个。因此，N 市农村地区面临公共卫生投入少、卫生人员短缺、应急物资储备不足等农村公共卫生应急保障能力较弱的情况。

其次，应急预案选择、宣传区域、物资运输，发放、沟通调整、部门规章制度、整改措施落实、决策能力以及事件的及时评估等指标是影响政府主体部门应急绩效的主要因素。本书第6章在针对 N 市基层政府主体部门应急管理绩效测评实证研究时，分别从政府成本、政府内部流程、学习与成长以及政府业绩等方面进行测评，结果表明：在政府成本方面，应急预案中的预案选择、宣传区域的平均分相对较低，说明政府在预案选择和宣传教育方面的工作相对薄弱。内部流程方面，在应急调用制度中物资运输、物资发放的均值较低，分别为6.043、6.022，在应急协调制度中实时沟通调整的分值只有6.043，依据实际的情况来看，应急管理的过程中，资源的调配已不是最主要的问题，如何将物资管理好、运输好、发放好以及运输之前如何协调沟通成为了应急管理的核心问题。

除此之外，应急管理过程中N市信息发布方面也存在不足，政府创新和学习方面，部门规章制度、整改措施落实情况的均值都相对较低，说明N市在应急管理的政府学习与成长中的决策能力、对事件的及时评估与其他指标相比还比较弱。政府绩效方面，恢复补救情况、恢复重建、信息传播感知程度的均值都相对较低，说明在应急管理事后处理方面还存在不足。

第三，基于农户客体对政府应急绩效情况测评。利用结构方程模型来进行测评，实证结果得出：事前预防、事中应对、事后补救对政府应急管理整体质量都存在正向影响；政府整体的应急质量对农户的感知度存在正向影响；事前预防措施、事中应对能力对期望质量存在正向影响，事后补救对期望质量不存在正向影响；政府整体应急质量期望对感知度存在负向的影响；政府应急质量对农户的期望质量不存在正向影响，农户期望质量对政府应急质量存在正向的影响。农户特征在应急管理质量、农户期望质量以及农户感知度关系方面，除了教育程度在政府管理质量和农户感知度之间的关系存在反向调节作用，其他自身特征在政府应急管理质量、农户期望质量以及农户感知度三者关系的验证上不存在调节作用。

9.2 政策建议

通过本书以上研究内容，可得到提高N市政府应急绩效的以下政策建议。

9.2.1 建立高效的常设疫情服务机构

在 N 市农村，突发性疫情事件危害的范围大、涉及面广，仅仅依靠一个县级政府部门是不能有效控制与处理的。从横向来看，疫情事件服务工作涉及一个县里的绝大多数的政府部门；从纵向来看，省、市、县级系统必须协同管理。在此方面，美国的疫情服务体系给 N 市提供了借鉴，对于农村的地方政府，应急服务工作应该常态化，在常设疫情服务机构中强化疫情服务职能，协调各级政府和职能部门共同应对，同时借用专家的力量，将专家委员会作为专门的工作机构，并明确其职责和分工，从而更好地发挥社会上的各种力量来高效、协同地应对危机，防止在危机暴发时各职能部门、各级政府之间互相推诿。

9.2.2 完善事前、事中和事后的全过程服务机制

完善应急服务全过程服务，在应对重大动物疫情的过程中政府将面临众多的问题，由于受到现有环境和资源条件的约束限制，政府部门虽不能做到面面俱到，但是需完善应急服务的事前准备环节、事中应对环节、事后补救环节的工作。

事前应加强农户的疫情危机预防和准备意识。基于 N 市农村地区的现状，针对 N 市农村动物疫情的事前预防与准备机制存在的问题，借鉴国外的管理机制，可从以下两个方面完善事前的预防和准备机制。一方面，强调农民的主体参与意识。农村疫情应急服务工作不能完全依赖政府，作为农村地区的主体，农民应该具有主体参与意识，动员与整合村组织自身的力量，展开预防与救助工作。另一方面，可开展形式多样的有针对性的重大动物疫情宣传教育活动。农村动物疫情宣传教育的主要对象是养殖户，在疫情宣教过程中，应该明确对象，从实际需要出发，有针对性地传授动物疫情危机处理相关知识和技能，做到缺什么补什

么，需要什么学什么。

事中应增强农户的疫情危机预警和应对教育。做好疫情事件的应急预警阶段管理，加强宣传，提高和增强农民对疫情事件的预警意识；对农民进行教育活动，使其做好应对疫情事件的心理准备；科学预防，加强农村疫情事件的预警管理。在疫情事件的处理过程中应该在第一时间让公众媒体和个人及时掌握最新动态消息，加强对农村居民开展突发性疫情事件的义务宣传和教育，增强农村应对突发疫情事件的知识，加强疫情事件的演练，提高农民对各种疫情事件的报告意愿。此外，政府可以通过广泛的知识宣传，使农民了解自己在突发疫情事件中应负的责任，积极参加各种突发疫情事件应急或演练活动，把政府的决策和群众力量密切结合起来，增强农村地区应对疫情事件的能力。

事后应注重农民身心健康的恢复和对事件的督导评估。疫情事件结束后，地方政府可组织相关工作人员把受事件影响人员的赔偿制度化、法定化，切实保障受害者的合法权益。除此之外，还可建立事件的督导评估机制，及时了解疫情事件在事前、事中和事后的发展情况和控制措施的落实情况，找到有效的预防和处理措施，为进一步优化和完善类似事件的预防和处理提供依据。尽管N市形成了比较宏观的疫情事件应急能力评估指标和微观的疾控机构等应急能力评估指标，但是目前在N市农村地区尚无针对基层政府的重大动物疫情事件应急能力评估指标体系。因此，可以根据N市农村地区重大动物疫情事件的特点和基层政府应急服务的实际情况，研制成熟全面的评价工具并科学评价N市农村地区重大动物疫情事件的应急能力。

9.2.3 加大疫情应对的投入并建立充足的应急资源储备体系

重大动物疫情事件应急保障体系是建立和完善疫情事件管理机制的基础，可以从加大疫情应对投入和建立应急资源储备体系两方面来提高应急保障能力。N市农村疫情应对是政府实行的带有福利性质的公益事业，实现的是全农村居民的共同利益和需要。各级政府需要进一步完善落实疫情应对的财政补助政策，加大投入力度，真正在疫情应对中担负起主体责任，促进社会公平的实现和地区间的协调均衡发展。此外，县、乡两级政府可以根据本县、乡农村疫情应对服务实际需要确定专项拨款，使服务机构的服务成本得到合理补偿，从而减轻服务对象的负担。N市农村应急物资的保障方面，需要建立和完善应急管理资源的储备体系，为农村应急处置提供充分的人力和物资支持，同时可以进一步改善救灾物资储备布局，将救灾物资储备库建设由县以上向县及县以下延伸，增加物资储备品种，不仅满足疫情应对的需要，还可为疫区恢复重建准备条件。

9.2.4 避免应急服务过程中绩效竞争现象的出现

疫情事件暴发的特点是波及范围广、传播速度较快，这对开展应对工作的政府部门来说无疑是一个难题，在这种情况下积极调动相关市政府对地方的支援是非常重要的，但是必须在统一规划指导下进行。统一指导的主要方式是明确建立并公布事件后期应对的标准，通过明确标准，为受事件影响的农户明确现实期望和非现实期望。

9.2.5 注重新闻媒体在事件应对工作中的作用

在应对过程中，要适时对应对工作情况向广大受影响的农户进行宣传。本书调研的过程中，询问农户平时获取信息最多的渠道有哪些，90%农户的回答信息获取基本通过新闻媒体的报道，还有日常邻里的闲聊，媒体的播报不但让农户及时了解事件情况，而且让农户对政府的应急管理产生信心，积极配合政府部门的工作（养殖户为了控制自己的损失，经常瞒报或谎报具体的情况）。因此，对新闻媒体进行整体规划管理，及时报道应对情况显得尤为重要。同时值得注意的是，媒体为避免引起恐慌，往往会存在播报好信息、隐瞒坏消息的现象，对受影响的农户来说，这是政府部门对他们的一种承诺，这样农户对政府部门应对的工作期望将过高。向农户传递清晰准确的应对情况，不仅有利于较好地管理好农户的期望，同时也能够让他们认识到自己在应对中的责任，积极配合政府的应对工作。

9.3 研究展望

本书从重大动物疫情应急机制绩效研究入手，对 N 市应急管理机制存在的问题及实施情况进行了研究分析。为了简化分析，本书只将政府与最主要的利益相关者养殖户纳入研究范围内，实际上重大动物疫情突发性公共事件所涉及的利益群体还包括消费者、肉类相关企业、肉类销售商等；且调查时期并非重大动物疫情突发时期，样本数据以调查对象对以往动物疫情暴发时政府处理所带来的主观感受、经验以及认知情况回答问卷而获得，在农户对政府应急管理过程感知度问卷的设置上，某些变量的设置还存在疑义。因此，本书的研究结论所带来的指导意义相对有限，由于以上研究不足的存在，今后我们将研究范围扩展到各利益相关者，并针对不同的利益相关者制定更为详细的应急管理策略。从而使 N 市重大动物疫情应急管理机制更加完善。

参考文献

英文文献

Anderson E W, Fornell C, Lehmann D R. Customer Satisfaction, Market Share, and Profitability: Findings from Sweden[J]. Journal of Marketing, 1994, 58(3).

Bagheri A, Darijani M, Asgary A, et al. Crisis in Urban Water Systems during the Reconstruction Period: A System Dynamics Analysis of Alternative Policies after the 2003 Earthquake in Bam−Iran[J]. Water Resources Management,2010,24(11).

Bagozzi. On the evaluation of structural equation models[J]. Journal of the Academy of Marketing Science, 1988, 16(1).

Barton. New Avenues in Teaching Written Communication: The use of a Case Study in Crisis Management[J]. Journal of Technical Writing and Communication, 1993, 23(2).

Bayrak T. Identifying Requirements for a Disaster−monitoring System[J]. Disaster Prevention and Management, 2009,18(2).

Berentsen. A dynamic model for cost−benefit analyses of foot−and−mouth disease control strategies[J]. Preventive Veterinary Medicine, 1992,12(3).

Bicknell. Public Policy and Private Incentives for Livestock Disease Control[J]. Australian Journal of Agricultural and Resource Economics, 1999, 43(4).

Bigne J E, Mattila A S, Andreu L. The Impact of Experiential Consumption Cognitions and Emotions on Behavioral Intentions[J]. Journal of Services Marketing, 2008,22 (4).

Bothe. Compliance Control beyond Diplomacy—the Role of Non-Governmental Actors[J]. Environmental Policy and Law, 1997,27(4).

Brich. "Book-Review" Pasipriešinimo istorija 1944-1953[J]. Journal of Baltic Studies, 1998, 29(1).

Carreño M L, Cardona O D, Barbat A H.A Disaster Risk Management Performance Index[J]. Natural Hazards,2007,41(1).

Chadee D D, Mattsson J. An Empirical Assessment of Customer Satisfaction in Tourism [J]. The Service Industries Journal, 2006, 16(3).

Christine,Mitroff. From Crisis Prone to Crisis Prepared: A Framework for Crisis Management [J]. The Executive, 1993, 7(1).

Coles. Scalable Simulation of a Disaster Response Agent-based network Management and Adaptation System (DRAMAS)[J]. Journal of Risk Research, 2019, 22(3).

Comfort L K, Waugh W L, Cigler B A. Emergency Management Research and Practice in Public Administration: Emergence, Evolution, Expansion, and Future Directions[J].Public Administration Review,2012,72(4).

Comfort. Crisis Management in Hindsight: Cognition, Communication, Coordination, and Control[[J]. Public Administration Review , 2007, 67.

Cui L X. Applying Fuzzy Comprehensive Evaluation Method to Evaluate Quality in Crisis and Emergency Management[J]. Communications in Statistics-Theory and Methods,2012, 41 (21).

Dijkhuizen. Economic Optimization of Sow Replacement Decisions on the Personal Computer by Method of Stochastic Dynamic Programming[J]. Livestock Production Science, 1991, 28(4).

Dobalian. Improving Rural Community Preparedness for the Chronic Health Consequences of Bioterrorism and other Public Health Emergencies[J]. Journal of public health management and practice : JPHMP,2007,13(5).

Fink. Crisis Management Planning for the Inevitable[M]. NewYork:Amacom,1989.

Finn J D. Expectations and the Educational Environment[J]. Review of Educational Research, 1972,42(3).

Fleming D M, Elliot A J. Lessons from 40 Years' Surveillance of Influenza in England and Wales[J]. Epidemiology and Infection, 2008,136(7).

Fornell C, Johnson M D, Anderson E W, Cha J, Barbara B E. The American Customer Satisfaction Index: Nature, Purpose, and Findings [J]. Journal of Marketing, 1996,60(4).

Heath. Crisis management[M]. Beijing: Citic Press, 2004.

Henstra . Evaluating Local Government Emergency Management Programs: What Framework Should Public Managers Adopt? [J]. Public Administration Review, 2010, 70(2).

Hermann. International Crisis: A Behavioral Research Perspective [M]. New York: Free Press,1972.

Hu J X, Zhao L D. Emergency Logistics Network Based on Integrated Supply Chain Response to Public Health Emergency [J]. ICIC Express Letters, 2012, 6(1).

Hu J X, Zhao L D. Emergency Logistics Strategy in Response to Anthrax Attacks Based on System Dynamics[J]. International Journal of Mathematics in Operational Research, 2011,3(5).

Kapucu. Developing Competency - Based Emergency Management Degree

Programs in Public Affairs and Administration[J]. Journal of Public Affairs Education, 2011, 17(4).

Kelley S W, Davis M A. Antecedents to Customer Expectations for Service Recovery[J]. Journal of Academy of Marketing Science,1994, 22(1).

Kuwata Y, Noda I, Ohta M, et al. Evaluation of Decision Support Systems for Emergency Management[C]. Proceedings of the 41st SICE Annual Conference, IEEE, 2002(2): 860−864.

Mangen . Simulated Epidemiological and Economic effects of Measures to Reduce Piglet Supply during a Classical Swine Fever Epidemic in The Netherlands[J]. Revue scientifique et technique (International Office of Epizootics), 2003, 22(3).

McEntire D. Understanding and Reducing Vulnerability: From the Approach of Liabilities and Capabilities[J]. Disaster Prevention and Management, 2012,21(2).

Mendonca D, Beroggi G E G, van Gent D, et al. Designing Gaming Simulations for the Assessment of Group Decision Support Systems in Emergency Response[J]. Safety Science,2006,44(6).

Michael D. Johnson. Expectations, Perceived Performance, and Customer Satisfaction for a Complex Service: The Case of Bank Loans[J]. Journal of Economic Psychology,1996,17(2).

Mittal V, Ross W T Jr, Baldasare P M. The Asymmetric Impact of Negative and Positive Attribute−level Performance on Overall Satisfaction and Repurchase Intensions[J]. Journal of Marketing, 1998, 62(1).

Molinari D, Ballio F, Menoni S. Modelling the Benefits of Flood Emergency Management Measures in Reducing Damages: A Case Study on Sondrio, Italy[J]. Natural Hazards and Earth System Science, 2013,13(8).

Norman R. Augustine. Crisis Management [M]. China: Press of Chinese people university, 2001.

Oliver R L, DeSarbo W S. Response Determinants in Satisfaction Judgments[J]. Journal of Consumer Research, 1988,14(4).

Oliver R L. A Cognitive Model of the Antecedents and Consequences of Satisfaction Decisions [J]. Journal of Marketing Research,1980, 17 (4).

Rae. Foot-and-mouth Disease and Trade Restrictions: Latin American Access to Pacific Rim Beef Markets[J]. Australian Journal of Agricultural and Resource Economics, 1999, 43(4).

Robinson. Politics, Power and Play: The Shifting Contexts of Cultural Tourism[J]. Cultural Tourism in a Changing World:Politics, Participation and (Re) presentation , 2006.

Robrt Heath. Crisis Management for Manager[M]. China: Citic Press,2004.

Ross.Agency Coordination and the Role of the Media in Disaster Management in Hawaii[J]. Int. J. of Emergency Management,2005,2(4).

Scholtens A. Controlled Collaboration in Disaster and Crisis Management in the Netherlands, History and Practice of an Overestimated and Underestimated Concept[J]. Journal of Contingencies and Crisis Management,2008,16(4).

Sinclair H, Doyle E E, Johnston D M, et al. Assessing Emergency Management Training and Exercises[J]. Disaster Prevention and Management, 2012,21(4).

Wakamatsu.The Effect on Pathogenesis of Newcastle Disease Virus LaSota Strain from a Mutation of the Fusion Cleavage Site to a Virulent Sequence[J]. Avian diseases, 2006,50(2).

Waugh.Contextual Positive Coping as a Factor Contributing to Resilience After Disasters[J]. Journal of Clinical Psychology, 2016,72(12).

Woodruff R B. Customer Value: The Next Source for Competitive Advantage[J]. Journal of the Academy of Marketing Science,1997,25(2).

中文文献

包国宪，向林科.中国政府绩效管理知识图谱分析［J］，兰州大学学报（社会科学版）.2016，44（2）.

蔡放波.政府与NGO的合作问题刍议——由汶川大地震中的非政府组织引发的思考［J］.武汉科技大学学报（社会科学版）.2009，11（3）.

蔡晓辉."自救":基层和自治组织都应有自己的担当［J］.中国减灾，2010（9）.

曹玮，肖皓，罗珍.基于"三预"视角的区域气象灾害应急防御能力评价体系研究［J］.情报杂志，2012，31（1）.

曹现强.危机管理中多元参与主体的权责机制分析［J］.中国行政管理.2004（7）.

查金祥，王立生.网络购物顾客满意度影响因素的实证研究［J］.管理科学，2006（1）.

陈超阳.从哈尔滨停水事件看政府危机管理中的信息公开问题［J］.咸宁学院学报，2006（4）.

陈福集.突发事件网络舆情演化传播模型研究［J］.情报科学.2015，33（12）.

陈升，孟庆国，胡鞍钢.政府应急能力及应急管理绩效实证研究——以汶川特大地震地方县市政府为例［J］.中国软科学，2010（2）.

陈淑伟.大众传媒在突发事件应急管理中的角色与功能［J］.青年记者.2007（1）.

陈晓明.德国的重大动物疫病监测预警体系［J］.中国牧业通讯.2010（23）.

陈原.从居民满意度看农村自然灾害救助的应急机制建设——以湖南省为例［D］.长沙:湖南师范大学，2013.

陈振明.中国应急管理的兴起——理论与实践的进展［J］.东南学术.2010（1）.

陈志杰.论农村社会应急事件的预警管理［J］.农业经济，2011（9）.

程龙生，牛俊磊，时建中.公路长途客运顾客满意度模型及其应用［J］.数理统计与管理，2012，31（1）.

董传仪."汶川地震"灾后重建经验与行政模式［J］.中国智库.2011（1）.

董天策.从网络集群行为到网络集体行动——网络群体性事件及相关研究的学理反思［J］.新闻与传播研究.2016，23（2）.

方明旺.国内外重大动物疫情扑杀补偿机制研究［D］.河南:郑州大学，2017.

冯毅.社会安全突发事件概念的界定［J］.法制与社会.2010，（25）.

高凤伟，项科栋.基于结构方程模型对公民对政府满意度的研究——以石家庄市桥东区为例［J］.廊坊师范学院学报（自然科学版），2015，15（3）.

高素颖.公共危机管理中政府与社会组织合作机制探析［D］.上海市:上海师范大学，2014.

高小平.应急管理中多主体社会责任的理论依据与现实对策［J］.中国应急管理.2009（12）.

高勇.当前农村群体性事件的实然分析与对策研究［J］.河南省:河南大学.2006.

耿大立.美国和加拿大高致病性禽流感防控经验及启示［J］.中国动物检疫，2008（4）.

宫承波.重大社会安全事件中的网络舆论及其引导［J］.山东社会科

学，2011（12）.

顾建华.加强城市灾害应急管理能力建设 确保城市的可持续发展[J].防灾技术高等专科学校学报.2005（2）.

郭春侠，张静.突发事件应急决策的快速响应情报体系构建研究[J].情报理论与实践，2016，39（5）.

郭骅.风险社会背景下的应急管理情报体系研究［J］.情报学报.2017，36（10）.

郭占锋，李小云.关于农村公共危机管理的若干问题［J］.农业经济问题，2010，32（8）.

韩宝徽，杨剑.网络化治理中的公共危机管理［J］.中国管理信息化，2018，21（13）.

韩俊魁.汶川地震中公益行动的实证分析——以NGO为主线［J］.中国非营利评论.2008，3（2）.

何振.湖南地方政府应对重大自然灾害对策调研及其思考［J］.湘潭大学学报（哲学社会科学版），2010，34（4）.

何志武.政府危机管理评述［J］.学术论坛理论月刊，2004（1）.

胡国清.突发公共卫生事件应对能力评价工具研究［J］.中华医学杂志.2006（43）.

贾煜.食品安全治理:利益平衡与利益协调——基于企业对利益相关者管理视角的分析［J］.理论导刊.2015（10）.

蒋宗彩.城市群公共危机管理应急决策理论与应对机制研究［D］.上海:上海大学，2014.

焦李然.基于个体差异的政府服务质量公众满意度研究——以X市行政服务中心调查数据为例［D］.兰州:兰州大学，2014.

孔令栋，马奔.突发公共事件应急管理［M］.济南:山东大学出版社，2011:6.

李国鹏.农村公共危机治理中乡镇政府的角色冲突研究〔D〕.西安:陕西师范大学.2014.

李华强,范春梅,贾建民,王顺洪,郝辽钢.突发性灾害中的公众风险感知与应急管理——以5·12汶川地震为例〔J〕.管理世界,2009（6）.

李娇娜.社会安全事件应对的政府绩效评估实证研究〔D〕.杭州:浙江大学.2014.

李静.我国公共危机管理中的政府与非政府组织合作机制研究〔J〕.邢台学院学报.2013,28（3）.

李松光.突发公共卫生事件应急处置能力提升,应急物品储备尚不完备——省级疾控绩效考核应用之〔J〕.中国卫生资源.2012,15（2）.

李伟成.基于平衡计分卡的政府部门绩效管理研究〔D〕.武汉:华中科技大学,2012.

李燕凌,欧立辉.农村社会突发事件基本特征分析〔J〕.农业经济,2008（7）.

李燕凌,吴楠君.突发性动物疫情公共卫生事件应急管理链节点研究〔J〕.中国行政管理,2015（7）.

李燕凌,周先进,周长青.对农村社会公共危机主要表现形式的研究〔J〕.农业经济,2005（2）.

梁瑞华,禽流感疫病控制博弈模型与中央政府宏观调控模式选择〔J〕.南都学坛,2007（3）.

梁亚樨,谢东.浅论我国农村公共危机管理〔J〕.安徽农业科学.2007（24）.

廖洁明.突发事件应急管理绩效评估研究〔D〕.广州:暨南大学,2009.

林光华.王凤霞,邹佳瑶.农户禽流感报告意愿分析〔J〕.农业经济问题，2012，33（7）．

林闽钢.灾害救助中的政府与NGO互动模式研究［J］.上海行政学院学报.2011，12（5）．

林艳.我国非政府组织参与危机管理的不足与对策［J］.法制与社会.2009（23）．

刘德海，苏烨.群体性突发事件调解、预警和防御的情景优化模型［J］.系统工程理论与实践，2014，34（10）．

刘德海.环境污染群体性突发事件的协同演化机制——基于信息传播和权利博弈的视角［J］.公共管理学报，2013，10（4）．

刘菲菲，周彤，古小明.南昌市居民对突发公共卫生事件认知状况调查［J］.中国公共卫生，2005（2）．

刘鸿.地方政府公共应急管理绩效评估机制研究［D］.长沙:湖南师范大学.2013.

刘杰.动物卫生应急管理体系研究［D］.呼和浩特:内蒙古农业大学，2010.

刘琳琳.探析我国农村地区突发公共危机事件的应急管理——以大连市旅顺口区农村遭受风暴潮影响为例［D］.辽宁:东北财经大学，2008.

刘铁民.构建新时代国家应急管理体系［J］.中国党政干部论坛.2019（7）．

刘武，朱晓楠.地方政府行政服务大厅顾客满意度指数模型的实证研究［J］.中国行政管理，2006（12）．

刘秀梵.当前我国禽病发生和流行的特点及防治对策中的误区［J］.中国家禽.2001（9）．

龙裕明.重大突发事件与媒体的责任意识［J］.中国广播电视学刊.2009，（10）．

卢泓宇.论我国农村公共危机管理——基于群体性突发事件的视角 [D].成都:西南财经大学.2012.

卢文刚.基于政府主导的城市电力应急能力综合评价指标体系构建 [J].中国行政管理,2010（6）.

陆奇斌,张强,张欢,周玲,张秀兰.基层政府绩效与受灾群众满意度的关系 [J].北京师范大学学报（社会科学版）,2010（4）.

马海韵.非政府组织参与公共危机治理的研究 [J].南京工业大学学报（社会科学版）.2012,11（2）.

马建珍.浅析政府危机管理 [J]长江论坛,2003（5）.

毛刚,李琳,贾志雷,李剑峰,孙琳.突发公共事件的公众认知研究 [J].中国安全科学学报,2012,22（12）.

梅付春.禽流感扑杀补偿政策的市价补偿标准问题探析 [J].河南农业科学.2011,40（4）.

孟亚明,李江璐,熊兴国.地方政府应对重大突发公共事件的解决机制 [J].山东社会科学,2013（9）.

苗成林.基于习惯领域理论的煤矿企业应急能力评价方法 [J].中国安全科学学报.2013,23（9）.

莫利拉,李燕凌.公共危机管理:农村社会突发事件预警、应急与责任机制研究 [M].北京:人民出版社,2007.

彭国甫,盛明科.政府绩效评估指标体系三维立体逻辑框架的结构与运用研究 [J].兰州大学学报（社会科学版）,2007（1）.

浦华.动物疾病防控的经济学研究综述 [J].农业经济问题,2006（6）.

浦华.动物疫病防控应急措施的经济学优化——基于禽流感防控中实施强制免疫的实证分析 [J].农业经济问题.2008（11）.

戚建刚.论群体性事件的行政法治理模式——从压制型到回应型的

转变［J］.2013，27（2）.

区晶莹，林泳雄，俞丽华.农村突发公共卫生事件村民应急行为数据挖掘分析［J］.广东农业科学，2012，39（22）.

沙勇忠，解志元.论公共危机的协同治理［J］.中国行政管理，2010，（4）.

盛明科.政府服务的公众满意度测评模型与方法研究［J］.湖南社会科学.2006（6）.

寿志钢，王峰，贾建明.顾客累积满意度的测量——基于动态顾客期望的解析模型［J］.南开管理评论，2011，14（3）.

苏伟伦.危机管理——现代企业实务管理手册［M］.北京:中国纺织出版社，2000.

孙德武.对染疫畜禽扑杀损失补偿问题的建议［J］.中国牧业通讯.2004，（17）.

谭小群，陈国华.政府跨区域突发事件应急管理能力评估研究［J］.灾害学，2010，25（4）.

唐娟莉，朱玉春，刘春梅.农村公共服务满意度及其影响因素分析——基于陕西省32个乡镇67个自然村的调研数据［J］.当代经济科学，2010，32（1）.

陶建平，吴斌，杨园园，闫振宇.公共风险危机下的动物疫病应急反应体系建设［J］.湖北农业科学，2009，48（2）.

童文莹."预防－主动"型公共卫生应急模式的构建——基于SARS和A/H1N1应对的思考

王飞跃，邱晓刚，曾大军，曹志冬，樊宗臣.基于平行系统的非常规突发事件计算实验平台研究［J］.复杂系统与复杂性科学，2010，7（4）.

王功民.美国重大动物疫情应急策略简介［J］.中国牧业通讯，2007（21）.

王桂芝，都娟，曹杰，刘寿东.基于SEM的气象服务公众满意度测评模型［J］.数理统计与管理，2011，30（3）.

王晖，何振.转型期群体性突发事件与县级政府应急能力研究［J］.求索，2011（1）.

王正绪，苏世军.亚太六国国民对政府绩效的满意度［J］.经济社会体制比较，2011（1）.

王志，袁志祥，吴艳杰.农村突发公共事件应急管理问题研究——基于汶川8.0级地震绵阳灾区的调研报告［J］.灾害学，2010，25（3）.

尉建文，谢镇荣.灾后重建中的政府满意度——基于汶川地震的经验发现［J］.社会学研究，2015，30（1）.

魏玖长.公共危机状态下群体抢购行为的演化机理研究——基于日本核危机中我国食盐抢购事件的案例分析［J］.管理案例研究与评论.2011，4（6）.

文秀维.突发公共卫生事件中的媒体责任——以甲型H1N1流感事件为例［J］.新闻世界.2010（6）.

吴佳俊.美国突发动物疫情的应急管理［J］.中国畜牧兽医文摘.2010，26（3）.

吴建南，张萌，黄加伟.基于ACSI的公众满意度测评模型与指标体系研究［J］.广州大学学报（社会科学版），2007（1）.

吴明隆.结构方程模型——AMOS的操作与应用［M］.重庆:重庆大学出版社，2009.

吴宪.建立农村突发公共卫生事件应急机制的对策［J］.卫生经济究，2004（3）.

吴悦平，程庆林，刘笛，王宇隆，徐勇.苏州农村应对突发公共卫生事件能力的影响因素分析［J］.中国卫生事业管理，2009，26（3）.

夏支平.战略性重建:灾区乡村重建的新思路［J］.农村经

济.2011（7）.

肖鹏军.论公共危机管理中的公共危机教育［J］.教育探索.2006（9）.

谢飞.我国地方政府危机管理绩效评估研究［D］.合肥:安徽大学，2012.

徐婷婷.应对突发公共事件中政府协调能力研究［D］.苏州:苏州大学，2013.

徐万里.结构方程模式在信度检验中的应用［J］.统计与信息论坛.2008（7）.

徐娴英，马钦海.期望与感知服务质量、顾客满意的关系研究［J］.预测，2011，30（4）.

许振排.平衡计分卡在公共部门绩效评估中的应用研究——以苍南县城管部门为例［D］.杭州:浙江工商大学.2013.

薛澜，张强，钟开斌等.危机管理——转型期中国面临的挑战［M］.北京:清华大学出版社，2003.

薛澜.转型期中国面临的挑战——公共危机管理［J］.信息化建设，2004（11）.

闫章荟.民众满意度在政府绩效评估中的应用［J］.湖南农业大学报（社会科学版），2008（5）.

闫振宇，陶建平.养殖户养殖风险态度、防疫信念与政府动物疫病控制目标实现——基于湖北省228个养殖户的调查［J］.中国动物检疫，2008，25（12）.

闫振宇，杨园园，陶建平.不同渠道防疫信息及其他因素对农户防疫行为影响分析［J］.湖北农业科学，2011，50（20）.

闫振宇.养殖农户报告动物疫情行为意愿及影响因素分析——以湖北地区养殖农户为例［J］.中国农业大学学报.2012，17（3）.

严奉宪.有限理性下农户减灾措施响应分析——基于湖北省农户调查数据〔J〕.农业技术经济.2012（3）.

杨凤华.结构方程模型在公共部门公众满意度测评中的应用〔J〕.南通大学学报（社会科学版），2008（5）.

杨冠琼.危机性事件的特征、类别与政府危机管理〔J〕.新视野，2003（6）.

杨海东，兰小珍.基于突变理论的城市道路交通安全突发事件能力评价研究〔J〕.价值工程，2018，37（22）.

杨杰.对绩效评价的若干基本问题的思考〔J〕.中国管理科学.2000（4）.

杨静.养殖户该如何做好禽流感防治〔N〕.赤峰日报，2005（3）.

叶尔江.关于对动物标识及动物疫病可追溯体系建设试点实施的探讨〔J〕.新疆畜牧业.2009（6）.

叶红霞.突发事件下城市轨道交通网络客流重分布预测方法研究与应用〔J〕.城市轨道交通研究，2018，21（8）.

于建嵘.我国现阶段农村群体性事件的主要原因〔J〕.中国农村经济，2003（6）.

于乐荣，李小云，汪力斌.禽流感发生后家禽养殖农户的生产行为变化分析〔J〕.农业经济问题，2009，30（7）.

于维军.动物疫病对我国畜产品贸易的影响及对策〔C〕.中国猪业发展大会论文集，2006.

于文轩，许成委，何文俊.服务型政府建设与公共服务绩效测评体系构建:以X市的纳税服务为例〔J〕.甘肃行政学院学报，2016（1）.

俞可平.治理理论与中国行政改革（笔谈）——作为一种新政治分析框架的治理和善治理论〔J〕.新视野.2001（5）.

臧姗.公共危机管理中政府与非政府组织的合作〔J〕.德州学院学

报 .2013，29（5）.

曾子明，杨倩雯.城市突发事件智慧管控情报体系构建研究 ［J］.情报理论与实践，2017，40（10）.

詹承豫.地震巨灾后抗震救灾的阶段划分及主要任务研究 ［J］.甘肃社会科学，2008（5）.

张成福.公共危机管理:全面整合的模式与中国的战略选择 ［J］.中国行政管理.2003（7）.

张欢，张强，陆奇斌.政府满意度与民众期望管理初探——基于汶川地震灾区的案例研究 ［J］.当代世界与社会主义，2008（6）.

张莉琴.高致病性禽流感疫情防制措施造成的养殖户损失及政府补偿分析 ［J］.农业经济问题.2009，30（12）.

张良.公共管理学 ［M］.上海:华东理工大学出版社，2001.

张陆彪.我国畜禽养殖污染防治的立法思考 ［J］.环境保护.2007（1）.

张鹏.构建城市危机管理联动机制 提高城市危机防范能力 ［J］.科技情报开发与经济.2007（2）.

张仁平，曹任何.府际管理视角下的长株潭城市群公共危机管理合作模式研究 ［J］.行政与法，2008（8）.

张淑霞.禽流感暴发造成的养殖户经济损失评价及补偿政策分析 ［J］.山东农业大学学报（社会科学版）.2013，15（1）.

张屹立.农村突发公共卫生事件管理中的县级政府能力研究 ［J］.卫生经济研究.2010（11）.

张跃华.食品安全及其管制与养猪户微观行为——基于养猪户出售病死猪及疫情报告的问卷调查 ［J］.中国农村经济.2012（7）.

张振岚.南京市动物疫病预防控制体制建设 ［D］.南京:南京农业大学，2004.

赵定东.长三角区域性社会突发事件治理中的地方政府协作机制分

析〔J〕.辽东学院学报，2009，11（5）.

赵琦，张俊婕，赵根明.构建农村公共卫生体系绩效简化评价指标体系〔J〕.中国卫生政策研究，2009，2（11）.

赵卫东.突发事件的网络情绪传播机制及仿真研究〔J〕.系统工程理论与实践.2015，35（10）.

郑方辉，王玮.地方政府整体绩效评价中的公众满意度研究——以2007年广东21个地级以上市为例〔J〕.广东社会科学，2008（1）.

钟开斌.回顾与前瞻:中国应急管理体系建设〔J〕.政治学研究，2009（1）.

钟琪，戚巍，张乐.公共危机治理网络的自组织演化模型〔J〕.中国科学技术大学学报，2010，40（9）.

周定平.社会安全事件特征的比较分析〔J〕.北京人民警察学院学报，2008（2）.

周省时.基于平衡计分卡的领导干部绩效和政府战略性绩效关系研究〔J〕.商业时代2012（33）.

周晓丽.论公共危机的复合治理〔J〕.中共长春市委党校学报，2006（3）.

周秀平.非政府组织参与重大危机应对的影响因素研究——以应对"5·12"地震为例〔J〕.南京师大学报（社会科学版）.2011（5）.

周应堂.农村公共危机及其管理的文献综述〔J〕.山西农业科学.2008，36（12）.

朱贤.期望技能〔J〕.佛山大学学报.1997（6）.

朱宪辰.领导、追随与社群合作的集体行动——行业协会反倾销诉讼的案例分析〔J〕.经济学（季刊）.2007（2）.

祝江斌.基于重大突发事件扩散机理的脆弱性管理问题研究〔J〕.管理现代化，2008（4）.

祝江斌.重大传染病疫情地方政府应对能力研究〔D〕.武汉:武汉理工大学，2011.

祝江斌.重大突发公共卫生事件中地方政府灾后恢复能力关键评价指标研究〔J〕.湖北行政学院学报.2014（2）.

附录1

N市公共卫生事件应急管理调查问卷

问卷编码： 　　　　日期： 　月　 日

第一部分　政府部门应对疫情绩效评估的具体测量指标

一级指标	二级指标	三级指标	专家打分								
			9	8	7	6	5	4	3	2	1
公共投入A1	应急指挥系统B1	领导小组建设C11									
		职能分配C12									
		各部门办公室建设C13									
	专项防治工作B2	防治次数C21									
		防治范围C22									
	应急预案B3	应急预案编写C31									
		预案选择C32									
		预案实施C33									
	宣传教育B4	宣传方式C41									
		宣传内容C42									
		宣传频率C43									
		宣传区域C44									
	人员的储备B5	专业(不同岗位)人员储备C51									
		复合型人才储备C52									
	应急调用制度B6	物资供应C61									
		物资运输C62									
		物资发放C63									
	应急协调制度B7	全面协调工作C71									
		实时沟通调整C72									

一级指标	二级指标	三级指标	专家打分								
			9	8	7	6	5	4	3	2	1
内部流程A2	信息发布速度B8	信息收集C81									
		信息处理C82									
		信息发布C83									
	处理工作及时B9	部门投入急救所需时间C91									
		指挥中心投入急救所需时间C92									
		应急人员到达现场的时间C93									
外部流程A2	应对方式B10	应对措施C101									
		物资征用要求C102									
		对影响较严重对象的处理C103									
	应对的决策能力B11	人员保障C111									
		应急管理文件落实C112									
		部门规章制度C113									
	药物保障B12	药物储备C121									
		药物供应C122									
		药物调用C123									
		药物运输C124									
	人力资源B13	专业C131									
		年龄C132									
		性别C133									
		能力C134									
学习成长A3	疫情的及时评估B14	评估报告的编制C151									
		整改措施落实情况C152									
	组织制度的完善B15	恢复重建情况C163									
		部门对恢复重建政策落实C171									
		公民对恢复重建政策落实C172									
公众角度A4	应急管理过程B16	应急信息传播速度满意C181									
		事件处理满意度C182									
		损失补偿满意度C183									
	应急补救B17	补偿方案C171									
		补偿方案落实情况C172									
		补贴款的到位程度C173									

221

附录2

农村突发性公共卫生应急服务能力指标调查问卷

问卷编码：　　　　　　　日期：　　年　　月　　日

尊敬的女士/先生：

感谢您抽出宝贵时间参与我们的调查。本调查是地方高校对当地突发事件的应急能力的专题研究，您的回答将有助于政府更好地衡量自身的应急服务能力并对此加以改进。您对问卷的回答都是匿名的，回答没有对错之分，问卷结果只用于统计分析，对您的个人资料，我们根据《中华人民共和国统计法》予以保密，问卷回答不会对您个人产生任何不良影响。

衷心感谢您的参与！

（填写说明）

1. 对不能确定的问题与答案请咨询调查人员。

2. 如果对本次调查有任何疑问，请与我们联系。

第一部分

感知度的测度

说明：请用1到7的任何一个数字来表达您的意见，7分为满分，表示感知度非常高，具体如下所示。

[1]非常低　[2]较低　[3]低　[4]一般　[5]高　[6]较高　[7]非常高

	阶段	测度指标	
感知度的测评A1	事前B1	您对政府突发性重大动物疫情发生前的宣传教育感受程度C11	
		您对政府突发性重大动物疫情的预防工作的感受程度C12	
	事中B2	您对政府应对重大动物疫情人员到达现场速度的感受程度C21	
		您对政府应对重大动物疫情方式的感受程度C22	
	事后B3	您对政府重大动物疫情事件后采取补偿(补贴)的感受程度C31	
		您对政府重大动物疫情事件后的整改措施感受程度C33	

事前预防影响测度

在动物疫情发生前，政府部门所做工作，对您的影响程度如何？请用1到7中的任何一个数字来表达您的意见，并填入右边的空格里，7分为满分，表示非常高，具体如下所示。

[1]非常低　[2]较低　[3]低　[4]一般　[5]高　[6]较高　[7]非常高

阶段	测度指标	
疫情预防阶段 B10	政府组建动物疫情事件应急指挥系统对您影响程度 C101	
	政府制定专项防疫工作对您影响程度 C102	
	政府制定养殖密度对您的影响程度 C103	
	政府疫情相关宣传教育系统的建设对您的影响程度 C104	
	政府制定畜舍卫生条件的标准对您的影响程度 C105	
	政府、养殖合作或者饲料兽药厂组织养殖培训对您的影响程度 C106	
	政府开发相关兽药及疫苗的信息对您的影响程度 C107	

事中应对影响测度

在动物疫情应对工作中，政府部门应对工作，对您的影响程度如何？请用 1 到 7 中的任何一个数字来表达您的意见，并填入右边的空格里，7 分为满分，表示非常高，具体如下所示。

[1]非常低　[2]较低　[3]低　[4]一般　[5]高　[6]较高　[7]非常高

阶段	测度指标	
事中应对 B11	疫情事件发生时信息(网络、电视以及报纸)传播速度对您的影响程度 C111	
	疫情处理时兽医水平对您的影响程度 C112	
	政府采取的疫情控制措施(如扑杀、隔离、封锁)对您的影响程度 C113	
	疫情发生时政府采取的紧急免疫措施对您的影响程度 C114	
	政府部门防疫药物供应对您的影响程度 C115	
	政府检验检疫措施对您的影响程度 C116	

事后补救测度

在动物疫情事后，政府部门的工作，对您的影响程度如何？请用 1 到 7 中的任何一个数字来表达您的意见，并填入右边的空格里，7 分为满分，表示非常高，具体如下所示。

[1]非常低　[2]较低　[3]低　[4]一般　[5]高　[6]较高　[7]非常高

阶段	测度指标	
事后补救 B12	重大疫情后政府补贴措施对您的影响程度C121	
	重大疫情后政府制定的补偿标准对您的影响程度C122	
	重大疫情事件后给您及家庭带来苦恼的程度C123	
	重大疫情事件后补贴款发放对您的影响程度C124	
	重大疫情事件后政府组织预防疫情复发教育对您的影响程度C125	

事前预防期望测度

在动物疫情前，政府部门的工作，您对其期望程度如何？请用1到7的任何一个数字来表达您的意见，7分为满分，表示期望非常高，具体如下所示。

[1]非常低　[2]较低　[3]低　[4]一般　[5]高　[6]较高　[7]非常高

阶段	测度指标	
事前预防期望 B13	您对政府组建动物疫情事件应急指挥系统的期望程度C131	
	您对政府制定专项防疫工作的期望程度C132	
	您对政府制定养殖密度的期望程度C133	
	您对政府疫情相关宣传教育系统的建设的期望程度C134	
	您对政府制定畜舍卫生条件的标准的期望程度C135	
	您对政府、养殖合作或者饲料兽药厂组织养殖培训的期望程度C136	
	您对政府开发相关兽药及疫苗信息的期望程度C137	

事中应对期望测度

在动物疫情应对中，政府部门的工作，您对其期望程度如何？请用1到7的任何一个数字来表达您的意见，7分为满分，表示期望非常高，具体如下所示。

[1]非常低　[2]较低　[3]低　[4]一般　[5]高　[6]较高　[7]非常高

阶段	测度指标	
事中应对期望 B14	您对疫情事件发生时信息(网络、电视以及报纸)传播速度的期望程度 C141	
	您对疫情处理时兽医水平的期望程度 C142	
	您对政府采取疫情控制措施(如扑杀、隔离、封锁)的期望程度 C143	
	您对疫情发生时政府采取紧急免疫措施的期望程度 C144	
	您对政府部门防疫药物供应的期望程度 C145	
	您对政府检验检疫措施的期望程度 C146	

事后补救期望测度

在动物疫情事件后，政府部门的工作，您对其期望程度如何？请用 1 到 7 的任何一个数字来表达您的意见，7 分为满分，表示期望非常高，具体如下所示。

[1]非常低　[2]较低　[3]低　[4]一般　[5]高　[6]较高　[7]非常高

阶段	测度指标	
事后补救期望 B15	您对重大疫情后政府补贴措施的期望程度 C151	
	您对重大疫情后政府制定的补偿标准的期望程度 C152	
	您期望重大疫情事件后进行心理疏导程度 C153	
	您对重大疫情事件后补贴款发放期望程度 C154	
	您对重大疫情事件后政府组织预防疫情复发教育的期望程度 C155	

第二部分　被调查人员的基本信息

1. 性别：　1. 男　　2. 女

2. 您的年龄：

　　1. 30岁及以下　　2. 31～40岁　　　3. 41～50岁　　4. 51岁及以上

3. 您的文化程度：

　　1. 初中及以下　　2. 高中/中专　　　3. 大专　　　　4. 本科及以上

4. 您的家庭月收入情况：

　　1. 3000元以下　　　　　　2. 3001～4500元

　　3. 4501～6500元　　　　　4. 6501元以上

问卷到此结束，谢谢您的支持！

后 记

时光匆匆，四年前博士研究生入学的场景还历历在目，转眼四年半的博士研究生生活已落下帷幕，很开心在南京农业大学度过了美好而又充实的四年多时光，在这里，我得到了很多德高望重的老师的教诲，也结识了诸多优秀踏实的同学和朋友。搁笔之际，我谨向所有关心、帮助和指导我的老师们、同学们、朋友们表示最真挚的感谢。

首先，感谢我的导师陈超教授，恩师学高为范，德高为师，在我遇到困难的时候总能给予我启示，同时也一步步地指引着我的人生道路。学业上陈老师要求严格，鼓励我们扎实细致地进行科研工作。陈老师豁达乐观、淡定从容，言传身教之余，每每在我人生重要关口都会给予我莫大的鼓励，使我有信心轻装上阵，勇往直前。其次，衷心感谢经管学院为我授业解惑的各位老师，感谢钟甫宁教授让我懂得了科学问题的重要性以及在我论文开题和预答辩时给出的建议和意见；感谢朱晶教授让我学会了如何提炼科学问题；感谢应瑞瑶教授、徐志刚教授、林光华教授、周曙东教授、王树进教授在我论文预答辩时提出的宝贵意见，同时还感谢学院行政老师们的辛勤劳动，是你们热情的付出才使得我的求学之旅得以顺利；感谢五位匿名评审专家，是你们对我的肯定才让我有机会站在答辩台上汇报，虽然我不知道你们的名字，但我内心依然对你们表示万分的尊敬和感激。

此外，在四年多的学习生活和最后的论文写作中，胡家香教授给予

228

我很多无私的指导和帮助，于我而言亦师亦友，我对她的感激之情无以言表。非常感谢陈丽君同学和张燕媛同学在学习和生活方面给予我的帮助，也非常感谢同门师弟师妹对我的关心、帮助和分担，能够相识并成为同门是一种缘分，谢谢你们让我融入一个非常和谐、有爱的大师门。还有同级的各位同学们，认识你们真的很幸运，我们相互陪伴走过的研究生时光，我一生难忘，这份同窗情谊也是我求学路上巨大的收获之一。

最后，我要特别感谢我的家人对我的鼓励和支持。感谢我的父母，他们不只是生养了我，还给予我快乐的成长环境，默默地为我祈福、给我支持。感谢我的堂哥蒯旭光在我人生最暗淡无光的日子里一直给予我鼓励、支持、鞭策和帮助！感谢我善良纯朴的弟弟，感谢他从小到大的陪伴！感谢你们一直包容我的任性，感谢你们一直做我坚强的后盾，放我去飞，放我去实现自己的梦想！

蒯婷婷

2018年11月